W0260783

Zur Einführung.

Die Werkstattbücher behandeln das Gesamtgebiet der Werkstattstechnik in kurzen selbständigen Einzeldarstellungen; anerkauhte Fachleute und tüchtige Praktiker bieten hier das Beste aus ihrem Arbeitsfeld, um ihre Fachgenossen schnell und gründlich in die Betriebspraxis einzuführen.

Die Werkstattbücher stehen wissenschaftlich und betriebstechnisch auf der Höhe, sind dabei aber im besten Sinne gemeinverständlich, so daß alle im Betrieb und auch im Büro Tätigen, vom vorwärtsstrebenden Facharbeiter bis zum leitenden Ingenieur, Nutzen aus ihnen ziehen können.

Indem die Sammlung so den einzelnen zu fördern sucht, wird sie dem Betrieb als Ganzem nutzen und damit auch der deutschen technischen Arbeit im Wettbewerb der Völker.

Bisher sind erschienen:

Heft 1: **Gewindeschneiden.** 2. Aufl. Von Oberingenieur O. M. Müller.

Heft 2: **Meßtechnik.** 3. Aufl. (15.—21. Tausd.) Von Professor Dr. techn. M. Kurrein.

Heft 3: **Das Anreißen in Maschinenbauwerkstätten.** 2. Aufl. (13.—18. Tausend.) Von Ing. Fr. Klautke.

Heft 4: **Wechselräderberechnung für Drehbänke.** 3. Aufl. (13.—18. Tausend.) Von Betriebsdirektor G. Knappe.

Heft 5: **Das Schleifen der Metalle.** 2. Aufl. Von Dr.-Ing. B. Buxbaum.

Heft 6: **Teilkopfarbeiten.** 2. Aufl. (13. bis 18. Tausend.) Von Dr.-Ing. W. Pockrandt.

Heft 7: **Härten und Vergüten.** 1. Teil: Stahl und sein Verhalten. 3. Aufl. (18.—24. Tausend.) Von Dr.-Ing. Eugen Simon.

Heft 8: **Härten und Vergüten.** 2. Teil: Praxis der Warmbehandlung. 3. Aufl. (18.—24. Tausend.) Von Dr.-Ing. Eugen Simon.

Heft 9: **Rezepte für die Werkstatt.** 3. Aufl. (17.-22. Tausend.) Von Dr. Fritz Spitzer.

Heft 10: **Kupolofenbetrieb.** 2. Aufl. Von Gießereidirektor C. Irresberger.

Heft 11: **Freiformschmiede.** 1. Teil: Grundlagen, Werkstoff der Schmiede. — Technologie des Schmiedens. 2. Aufl. (7. bis 12. Tausend.) Von F. W. Duesing und A. Stodt.

Heft 12: **Freiformschmiede.** 2. Teil: Schmiedebeispiele. 2. Aufl. (7.—11. Tausend.) Von B. Preuß und A. Stodt.

Heft 13: **Die neueren Schweißverfahren.** 3. Aufl. (13.—18. Tausend.) Von Prof. Dr.-Ing. P. Schimpke.

Heft 14: **Modelltischlerei.** 1. Teil: Allgemeines. Einfachere Modelle. 2. Aufl. (7. bis 12. Tausend.) Von R. Löwer.

Heft 15: **Bohren.** 2. Aufl. (8.—14. Tausend.) Von Ing. J. Dinnebier und Dr.-Ing. H. J. Stoewer.

Heft 16: **Senken und Reiben.** 2. Aufl. (8.—13. Tausend.) Von Ing. J. Dinnebier.

Heft 17: **Modelltischlerei.** 2. Teil: Beispiele von Modellen und Schablonen zum Formen. Von R. Löwer.

Heft 18: **Technische Winkelmessungen.** Von Prof. Dr. G. Berndt. 2. Aufl. (5.—9. Tausend.)

Heft 19: **Das Gußeisen.** 2. Aufl. Von Obering. Chr. Gilles.

Heft 20: **Festigkeit und Formänderung.** 1. Teil: Die einfachen Fälle der Festigkeit. Von Dr.-Ing. Kurt Lachmann.

Heft 21: **Einrichten von Automaten.** 1. Teil: Die Systeme Spencer und Brown & Sharpe. Von Ing. Karl Sachse.

Heft 22: **Die Fräser.** 2. Aufl. (8.—14. Tausd.) Von Dr.-Ing. Ernst Brödner und Ing. Paul Zieting.

Heft 23: **Einrichten von Automaten.** 2. Teil: Die Automaten System Gridley (Einspindel) und Cleveland und die Offenbacher Automaten. Von Ph. Kelle, E. Gothe, A. Kreil.

Heft 24: **Stahl- und Temperguß.** Von Prof. Dr. techn. Erdmann Kothny.

Heft 25: **Die Ziehtechnik in der Blechbearbeitung.** 2. Aufl. (8.—13. Tausend.) Von Dr.-Ing. Walter Sellin.

Heft 26: **Räumen.** Von Ing. Leonhard Knoll.

Heft 27: **Einrichten von Automaten.** 3. Teil: Die Mehrspindel-Automaten. Von E. Gothe, Ph. Kelle, A. Kreil.

Heft 28: **Das Löten.** Von Dr. W. Burstyn.

Heft 29: **Kugel- und Rollenlager.** (Wälzlager.) Von Hans Behr.

Heft 30: **Gesunder Guß.** Von Prof. Dr. techn. Erdmann Kothny.

Heft 31: **Gesenkschmiede.** 1. Teil: Arbeitsweise und Konstruktion der Gesenke. Von Ph. Schweißguth.

Fortsetzung des Verzeichnisses der bisher erschienenen sowie Aufstellung der in Vorbereitung befindlichen Hefte siehe 3. Umschlagseite.

Jedes Heft 48—64 Seiten stark, mit zahlreichen Textabbildungen.

Preis: RM 2.— oder, wenn vor dem 1. Juli 1931 erschienen, RM 1.80 (10% Notnachlaß).

Bei Bezug von wenigstens 25 beliebigen Heften je RM 1.50.

WERKSTATTBÜCHER
FÜR BETRIEBSBEAMTE, KONSTRUKTEURE
UND FACHARBEITER
HEFT 58

Gesenkschmiede

Zweiter Teil

Herstellung und Behandlung der Werkzeuge

Von

H. Kaessberg

Beratender Ingenieur

Mit 117 Abbildungen im Text

Springer-Verlag Berlin Heidelberg GmbH

1936

ISBN 978-3-662-23633-8   ISBN 978-3-662-25713-5 (eBook)
DOI 10.1007/978-3-662-25713-5

Inhaltsverzeichnis.

Seite

Vorwort 3

  I. Werkstoff 3

      A. Eignung für Schmiedewerkzeuge S. 3. — B. Die Wahl des richtigen Werkstoffes S. 4. — C. Die Arten des Werkstoffes S. 5. — D. Die Gesenkstähle S. 7. — E. Abgratschnitt- und Stempelstähle. S. 7.

  II. Die Abmessungen der Schmiedewerkzeuge 8

      A. Gesenkblöcke, Höhe — Breite — Länge S. 9. — B. Einsatzgesenke S. 10. C. Abmessungen der Abgratschnittplatten S. 10. — D. Abmessungen des Stempels S. 11.

  III. Herstellung der Schmiedewerkzeuge 12

      A. Allgemeines S. 12. — B. Gußgesenke S. 12. — C. Stahlgesenke: Vorbereitung zur Verarbeitung S. 12. — D. Stahlgesenke: Spangebende Bearbeitung. S. 14. — E. Stahlgesenke: Handarbeit S. 23. — F. Prüfung der Gesenkform. S. 24. — G. Endarbeiten S. 26. — H. Herstellung der Stahlgesenke durch Warmsenken (spanlose Formung) S. 26. — I. Herstellung der Stahlgesenke durch Kaltsenken (spanlose Formung) S. 29. — K. Schnittplatten durch spangebende Formung hergestellt S. 31. — L. Schnittplatten durch spanlose Formung hergestellt S. 33. — M. Stempel durch spangebende Formung hergestellt S. 35. — N. Herstellungsgenauigkeit der Werkzeuge S. 35.

  IV. Die Befestigung der Schmiedewerkzeuge 35

      A. Die Befestigung der Gesenke S. 35. — B. Die Befestigung der Gesenkhalter S. 39. — C. Die Befestigung der Abgratwerkzeuge S. 42.

  V. Die Warmbehandlung 45

      A. Die Warmbehandlung der Gesenke S. 45. — B. Die Warmbehandlung der Schnitte. S. 49.

  VI. Behandlung der Werkzeuge 50

      A. Die Gesenke S. 50. — B. Die Abgratwerkzeuge S. 54.

  VII. Anlage der Werkzeugmacherei 54

  VIII. Aufbewahrung und Verwaltung der Werkzeuge 56

Vergleichstafel für Härtezahlen 57

Gewichtstafeln 58

Vorwort.

Während Heft 31 der Werkstattbücher „Gesenkschmiede I" sich mit der Arbeitsweise und „Gestaltung der Gesenke" als Grundlage allen Gesenkschmiedens befaßt, behandelt der vorliegende Teil II die „Herstellung der Schmiedewerkzeuge". Als weitere Veröffentlichung wird noch die „Einrichtung der Gesenkschmiede" folgen. Besonders ist auch auf die Hefte 11, 12 und 56 „Freiformschmiede I … III" hinzuweisen, deren Kenntnis beim Studium der Hefte über Gesenkschmieden erforderlich ist.

Damit füllen die Werkstattbücher eine Lücke deutschen technischen Schrifttums aus.

Es ist bekannt, daß die Schmiedetechnik und gerade die Gesenkschmiedetechnik über ein geringeres Schrifttum, besonders in geschlossener Form, verfügt, als andere Gebiete der Technik. Man glaubt, mit der Bekanntgabe der Erfahrungen seine wirtschaftliche Grundlage preisgeben zu müssen. Erfahrungsaustausch aber bringt uns weiter als Geheimniskrämerei. Die Wissenschaft macht schließlich nicht vor der Schmiedetechnik halt, sondern sie erwartet, daß die verantwortlichen Männer der deutschen Schmiedetechnik helfen, eine Stufe zu erreichen, die anderen Gebieten der Technik gleichwertig ist. Dazu brauchen wir eine gute Ausbildung unseres Nachwuchses, dem wir daher unsere Erfahrungen und Erkenntnisse mitzuteilen haben.

Wir Schmiedefachleute danken es Schweißguth, dem Verfasser des Teiles I, daß er als einer der ersten mit dem Blick des wissenschaftlich geschulten Ingenieurs die praktischen Erfahrungen des Schmiedehandwerkes mit großer Lebendigkeit in seinen schriftstellerischen Arbeiten festzuhalten verstand. Noch ist heute das eigentliche Erlebnis in der Praxis ausschlaggebend für die Kenntnisse in der Schmiedetechnik — bis mehr und mehr die Wissenschaft die starke Stütze der Erfahrung wird. So möge auch dieses Heft dazu beitragen, eine „Technologie des Gesenkschmiedens" aufzubauen.

I. Werkstoff.

A. Eignung für Schmiedewerkzeuge.

Vom Werkstoff für ein Schmiedewerkzeug wird gefordert:

Härte, also ausreichende Widerstandsfähigkeit gegen Eindringen eines anderen Körpers durch Druck oder Schlag. Fähigkeit seine Form zu behalten, entgegen hohem Druck je Flächeneinheit.

Zähigkeit, gegen stoßweise Beanspruchung; große Elastizität und geringe Ermüdung, hohe Streckgrenze und Dehnung.

Verschleißfestigkeit gegen Zerstörung der Oberfläche durch die Reibung, die der Werkstofffluß an den Flächen und Kanten verursacht. Die Maßhaltigkeit soll in weitestem Maße erhalten bleiben.

Warmfestigkeit. Die Gesenke werden durch die glühenden Schmiedestücke, trotz guten Lüftens und Kühlens, erwärmt: normale Hammer- und Preßgesenke auf 250 ... 400°, Schmiedemaschinengesenke bis 550°. Bei diesen Temperaturen sollen sie sich nicht verziehen, sollen nicht wachsen bzw. schrumpfen und erweichen. Bei Arbeitstemperaturen über 450° werden daher Cr-Ni-Mo- und Cr-W-Stähle gewählt. W-Stähle sind wiederum empfindlicher gegen Temperaturschwankungen und daher für schmale hohe Rippen im Gesenk weniger geeignet.

Schneidhaltigkeit, in kaltem oder warmem Zustande (je nach Verwendung), also kein vorzeitiges Stumpfwerden oder Ausbrechen der Schneidkanten.

Reinheit und Dichte, damit keine Schlacken vorhanden sind, die zum Bruch führen können.

Rissefreiheit, also keine Risse, Blasen, Lunker und Oberflächenfehler.

Spannungsfreiheit und Gleichmäßigkeit des Gefüges. Sie ist das Ergebnis von gleichmäßigem Guß und guter allseitiger Durchschmiedung des Blockes (mindestens 1 : 3 zum ursprünglichen Querschnitt). Eine etwaige Schmiede- oder Walzfaser muß gut im Block verteilt sein, so daß es gleichgültig ist, an welcher Seite die Gravur eingearbeitet wird. Ist man darin nicht sicher, verlange man vom Stahlwerke die Bezeichnung der Gravurseite; sonst wird immer die Längsfaserseite dafür gewählt.

Günstige Zerspanbarkeit, damit die Herstellung der Gesenke nicht zu teuer wird.

Einfache Warmbehandlung, um die verlangten Eigenschaften leicht und sicher zu erreichen.

Alle diese Forderungen verlangen für geschmiedete Blöcke einwandfreie Schmelzung bzw. chemische Zusammensetzung und fachmännische Fertigstellung des Stahlblockes, besonders auch formgerechte, glatte und rechtwinkelige Blockschmiedung.

B. Die Wahl des richtigen Werkstoffes.

Sie hängt von folgenden Umständen ab:

Von der Art des Werkstoffes der Schmiedestücke: Ob harter oder weicher, legierter oder unlegierter Stahl verschmiedet wird.

Von der Art des Arbeitsverfahrens: Ob Warm- oder Kaltarbeit, ob Vor- oder Fertigschmiedegesenk, ob Hammer- oder Preßgesenk, ob Abgrat- oder Sonderwerkzeug. Bei Hammerarbeit kommt auch die Verformungsdauer in Frage, also ob mit leichtem oder schwerem Bär, mit kurzem oder langem Hub gearbeitet wird. Die Tatsache ist bekannt, daß gleiche Stahlarten in verschiedenen Betrieben ganz ungleiche Leistungen zeigen.

Von der anzufertigenden Stückzahl der Schmiedestücke: Große Stückzahlen verlangen lange Lebensdauer und hohe Maßhaltigkeit des Werkzeugs, daher leistungsfähige Stähle. Für kleine und mittlere Teile gelten Stückzahlen unter 1000 als klein, von 1000 ... 3000 als mittlere und von mehr als 3000 als groß. Bei großen Teilen sind aber schon Stückzahlen von 1000 als groß anzusehen.

Die Lebensdauer der Gesenke läßt sich aber besser durch die Anzahl der Schläge oder Drücke, die das Gesenk aushalten soll, kennzeichnen. Für Hammergesenke gelten etwa mindestens 6000 Schläge als einfache Ansprüche, 15 000 Schläge als mittlere und 25 000 Schläge als hohe Ansprüche.

Abgratwerkzeuge sollten mindestens das Zweifache der Gesenklebensdauer aufweisen.

Von der Gesenkform. Man unterscheidet: Flachgravuren mit geringer Einarbeitungstiefe (aus hartem Stahl für große Oberflächenpressung geeignet).

Tiefgravuren mit großer Einarbeitungstiefe (aus besonders gutem und verschleißfestem Stahl, um der erheblichen Seitenflächenreibung zu begegnen).

Von der Warmbehandlung: Die Stahlwerke liefern weichgeglühten, naturharten und gebrauchsfertigen wasser-, öl- oder luftvergüteten Stahl. Somit kann die Gesenkschmiede beim Bezug von Stahl den Stand ihrer Warmbehandlungseinrichtung berücksichtigen. Man wird schwierige Gesenkformen, wie versetzte Kurbelwellen, sofort in vergüteten Gesenkstahl eingravieren, damit sie sich durch nachfolgende Warmbehandlung nicht verziehen.

Von der Zerspanungsmöglichkeit: Ob man mit seiner maschinellen Einrichtung nur weichgeglühte oder auch naturharte oder vergütete Stähle mit höherer Festigkeit bearbeiten kann. Flachgravuren kann man schon in vergütete Blöcke einarbeiten, während man bei Tiefgravuren Zeit und Lohn spart, wenn man die Werkzeuge nachträglich warm behandelt.

Von der Gesenkblockgröße bzw. dem Gewicht: Man nennt etwa kleine Blöcke solche bis 200 mm², mittlere von 200 ... 350 mm², große darüber hinaus. Für kleinere Blöcke wählt man härtere Stahlsorten als für große, die man u. U. wegen der Bruchgefahr gar nicht härtet. Für schwere Hammergesenke sind z. B. C-Stähle mit geringerem C-Gehalt und niedrig legierte Stähle auch wegen des Preises erwünscht.

Von der Preisfrage: Die Kalkulation des Werkzeugkostenanteiles je Stück ergibt, ob man bei Erwägung aller anderen Gründe mit einem billigeren oder teuren Stahl mehr oder weniger wirtschaftlich zurechtkommt. Stähle hoher Preislagen sind durchaus nicht immer die zweckmäßigsten. Bei der Entscheidung sind auch die Kosten für das Eingravieren und die Stückzahlen der Schmiedestücke zu berücksichtigen.

9. Von volkswirtschaftlichen Erwägungen: Soweit wie möglich mit heimischen Rohstoffen, also z. B. ohne Nickel und Wolfram, auszukommen versuchen.

C. Die Arten des Werkstoffes.

Man verwendet zu Schmiedewerkzeugen sowohl Guß als Schmiedestahl, und zwar stellt man z. T. Preßgesenke, Gesenkhalter, auch Sonderwerkzeuge, z. B. Biegewerkzeuge, aus Guß her, während man Hammergesenke ausschließlich aus Stahl anfertigt.

1. Guß. Gußwerkzeuge haben zweifellos den Vorzug einer gewissen Kostenersparnis, da man die Form sozusagen fertig gießen kann. Doch ist ihr Anwendungsgebiet beschränkt. Guß besitzt geringe Widerstandsfähigkeit gegen starke Schläge. Für größere Stückzahlen scheiden deshalb Gußgesenke wegen ihrer geringen Lebensdauer aus. Wenige 100 Stück lassen sich in einem Gußgesenk schmieden. Weiterhin kann nur weicher Werkstoff verschmiedet werden. Die Gußgesenke dürfen auch nur einfachste Formen zeigen. Sie sind sehr empfindlich gegen starke und ungleiche Erhitzung und bröckeln aus. Deshalb ist starke Kühlung notwendig und schwere Ausführung zur Ableitung der Wärme und Verminderung der Bruchgefahr. Man fertigt die Werkzeuge je nach Beanspruchung aus Grauguß oder Stahlformguß an.

Dichter, poren- und lunkerfreier Guß ist erforderlich. Stahlformguß weist natürlich bessere Leistungsziffern auf als Grauguß. Er muß aber gut geglüht geliefert werden, damit er richtig entspannt und nicht spröde ist.

2. Stahl[1]. Im Vordergrund steht jedoch wegen der größeren Haltbarkeit die Verwendung von Stahl für Schmiedewerkzeuge, um so mehr, als die Edelstahlforschung im letzten Jahrzehnt sich sehr bemüht hat, brauchbare Stähle für

---

[1] Näheres siehe Heft 50: Die Werkzeugstähle.

die Gesenkschmiedeindustrie zu schaffen. Allerdings bedeutet die Verarbeitung von Stahl allerhand Schwierigkeiten.

Die Stähle kann man einteilen:

a) **Nach der chemischen Zusammensetzung**: in unlegierte und legierte Stähle.

b) **Nach der nötigen Warmbehandlung**: in naturharte, wasser-, öl- und lufthärtende Stähle.

c) Nach der Verwendung: in solche für einfache, mittlere und hohe Ansprüche.

Zu a): Früher kannte man hinsichtlich der Zusammensetzung nur Kohlenstoffstahl (C-Stahl), der auch heute noch sehr stark in Gebrauch ist. Mit steigendem C-Gehalt wachsen bekanntlich Härte und Festigkeit, aber die Zähigkeit sinkt. Bei etwa 0,6 ... 0,7% C wird eine Grenze nach beiden Seiten erreicht, die für gewöhnliche Ansprüche an Gesenke genügt, sofern Stahl von geringer Festigkeit (36 ... 45 kg[1]) darin verschmiedet wird. Dieser Stahl hat den Vorteil geringen Preises und guter Bearbeitungsfähigkeit.

Für andere Ansprüche kommen dann höherhaltige C-Stähle und legierte Stähle in Frage. Es gibt eine große Anzahl Stähle der verschiedensten chemischen Zusammensetzung (Analyse). Richtlinien hierüber aufzustellen, ist schwierig, weil die Stahlforschung immer weiter schreitet. Vielfach kennt der Verbraucher die Legierungen nicht, sondern nur die Phantasienamen oder Sinnzeichen der Stahlwerke.

In der Praxis hat sich aber eine Anzahl Stahlgruppen herausgebildet, die den Anforderungen der Schmiedewerkzeuge am besten entsprechen. Es sind dies:

Kohlenstoffstähle (C-Stähle)	Chromnickelstähle (Cr-Ni-Stähle)
Mangansiliziumstähle (Mn-Si-Stähle)	Chromnickelmolybdänstähle (Cr-Ni-Mo-
Chromstähle (Cr-Stähle)	Stähle)
Nickelstähle (Ni-Stähle)	Chromwolframstähle (Cr-Wo-Stähle).

Laut amerikanischen Schrifttumberichten verwendet England heute etwa 50% C-Stähle, 20% Ni-Stähle und 20% sonstige legierte Stähle, USA jedoch 20% C-Stähle, 30% Cr-Ni-Stähle, 30% Cr-Ni-Mo-Stähle und 20% anders legierte Stähle. Für deutsche Verhältnisse liegen keine Angaben vor, doch wird bei uns die Verwendung Ni-haltiger Stähle möglichst eingeschränkt.

Zu b): In bezug auf die Behandlung ist die Verwendung von naturhartem Stahl, also Stahl in natürlichem Anlieferungszustand, das Bequemste. Seine Härte nach oben ist etwa begrenzt auf 80 ... 90 kg. Durch Bezug bereits vom Stahlwerk vergüteter Stähle kann man sich von der Warmbehandlung freimachen und Stähle von höherer Festigkeit bis etwa 120 kg erhalten. Darüber hinaus wird die Bearbeitung zu schwierig oder unmöglich, und so bietet sich kein wirtschaftlicher Vorteil mehr. Wasserhärtender Stahl ergibt im allgemeinen die größte Härte und ist damit vorteilhaft für große Schlag- und Druckleistungen. Er zundert weniger, gibt feine Schneiden, härtet besonders an der Oberfläche. Ölhärtender Stahl härtet meist durch, kann oft nachgearbeitet oder geschliffen werden, z. B. bei Schnitten, ist aber nicht immer für große Schlag- und Druckleistungen geeignet, falls nicht entsprechende Legierungen gewählt werden. Lufthärtender Stahl härtet ebenfalls durch, ist aber außerordentlich zäh und somit sehr widerstandsfähig.

Zu c): Für die Unterscheidung nach einfachen, mittleren und hohen Ansprüchen ist die geforderte Maßhaltigkeit und Lebensdauer maßgebend. Hierfür sind wieder Arbeitsgeschwindigkeit und Temperatur an der Gesenkoberfläche bestimmend. Außerdem spielt die Größe des Blockes eine Rolle.

---

[1] Die Bezugseinheit „mm²" ist hier und meist auch im folgenden der Einfachheit halber weggelassen.

D. Die Gesenkstähle.

Nachstehend sind nun eine Reihe Stahlsorten aufgeführt, wie sie heute die deutschen Stahlwerke liefern. Selbstverständlich ist damit die Liste nicht abgeschlossen. Für Sonderzwecke verwendet man auch Stähle besonderer Legierungen; doch stellen die folgenden Sorten die in Deutschland, England und USA meist gebräuchlichen dar.

1. Für einfache Ansprüche, für Vorschmiedegesenke, Recksättel, Biegewerkzeuge, für mittlere und große Gesenke geringerer Einarbeitungstiefe, zum Schmieden von weichem Werkstoff unter 50 kg Festigkeit, für kleinere Stückzahlen: C-Stahl in S-M-Güte mit $C = 0,6 \ldots 0,7\%$, $Mn = 0,7 \ldots 0,9\%$, $Si = 0,3\%$, von $60 \ldots 70$ bzw. von $70 \ldots 80$ kg Festigkeit, für naturharte Verwendung, oder auch für Wasserhärtung mit $90 \ldots 100$ kg Endfestigkeit (Voraussetzung Mn-Gehalt dabei nicht höher als $0,4\%$).

2. Für mittlere Ansprüche, für mittlere und große Gesenke, mittlere Einarbeitungstiefen, zum Schmieden von weichem und mittelhartem Stahl für mittlere Stückzahlen: Mangansiliziumstahl $C = 0,5 \ldots 0,6\%$, $Mn = 1 \ldots 1,2\%$, $Si = 1 \ldots 1,2\%$, in Naturhärte $80 \ldots 85$ kg, in Öl vergütet $95 \ldots 100$ kg Festigkeit. USA und England verwenden als Warmgesenkstahl dieser Art 1%igen Ni-Stahl.

3. Für hohe Ansprüche. a) Für kleine bis mittlere Gesenke, mit Flachgravuren ohne vorspringende Kanten, auch für Kaltmatrizen, Leisten zum Warmsenken: 1. Zähharter C-Stahl, $C = 0,9 \ldots 1,1\%$, $Mn = 0,3 \ldots 0,5\%$. Weichgeglüht besitzt der Stahl eine Festigkeit von 70 kg, gehärtet im Wasser und angelassen $160 \ldots 180$ kg. Der Stahl ist spröde, hart, für hohe Arbeitsdrücke und starke Oberflächenpressung geeignet, aber nicht hitzebeständig. 2. Niedriglegierter Chromstahl, mit größerer Warmfestigkeit und Zähigkeit für Tiefgravuren, $Cr = 0,3 \ldots 0,5\%$, $C = 0,7\%$. In Öl gehärtet Festigkeit 135 kg. 3. Chromnickelwolframstahl, $C = 0,2 \ldots 0,45\%$, $Cr = 0,7 \ldots 1,3\%$, Ni $1,5 \ldots 3\%$, $W = 0 \ldots 5,5\%$. Öl- bzw. Lufthärter, vergütet auf $130 \ldots 140$ kg warmfest. 4. Hochlegierter Chromwolframstahl, $C = 0,25 \ldots 0,35\%$, $Cr = 2 \ldots 4\%$, $W = 8 \ldots 10\%$. Große Warm- und Verschleißfestigkeit, auch geeignet für Schmiedemaschinengesenke. Weniger zähe wie Cr-Ni-Stahl. Öl- und Lufthärter. Vergütet und angelassen auf $140 \ldots 150$ kg Festigkeit. Schmiedemaschinengesenke 150 kg, Dorne dazu 140 kg.

b) Für mittlere und große Gesenke mit Tiefgravuren: 1. Höherlegierter Chromstahl, $Cr = 3\%$, $C = 0,7\%$. Als Ölhärter verwendbar, 130 bis 150 kg Festigkeit. 2. Chromnickelstähle, $Cr = 1 \ldots 1,5\%$, $Ni = 3,5 \ldots 4,5\%$, $C = 0,3 \ldots 0,45\%$. Bei geringem Ni-Gehalt: Ölhärter, bei höherem: Lufthärter; vergütet und angelassen auf $135 \ldots 140$ kg Festigkeit. 3. Chromnickelwolframstahl, $C = 0,2 \ldots 0,45\%$, $Ni = 1,5 \ldots 3\%$, $Cr = 0,7 \ldots 1,3\%$, $W = 0 \ldots 5,5\%$. Öl- und Lufthärter, vergütet auf $130 \ldots 140$ kg Festigkeit.

c) Für alle Abmessungen und Tiefgravuren: Chromnickelmolybdänstahl, $C = 0,45 \ldots 0,6\%$, $Cr = 0,5 \ldots 1\%$, $Ni = 1,5 \ldots 2,5\%$, $Mo = 0,2 \ldots 0,8\%$, $Va = 0,15 \ldots 0,25\%$. Bei niedrigen Legierungszahlen Öl-, bei höheren Legierungszahlen Lufthärtung. Gebrauchsfertig bezogen, Vergütung auf 110 bis äußerst 130 kg, falls der Block noch bearbeitet werden soll. Bei nachträglicher Vergütung und Anlassen Festigkeiten $130 \ldots 180$ kg. Die hohen Werte gelten für kleine und Flachgesenke.

E. Abgratschnitt- und Stempelstähle.

1. Für einfache Ansprüche: S-M-Stahl wie unter D 1. Wasserhärter, Festigkeit 110 kg.

2. Für mittlere Ansprüche: a) für Warmarbeit: Mangansiliziumstahl wie unter D 2 genannt, Ölhärter, vergütet, 100 ... 105 kg Festigkeit. b) Für Kaltarbeit: Zähharter C-Stahl von $C = 0,7 ... 0,9\%$. Wasserhärter, Festigkeit 150 kg oder Manganstahl von $C = 1\%$, $Mn = 2\%$. Ölhärter, Festigkeit 140 kg.

3. Für hohe Ansprüche: a) Für Warmarbeit: Chromnickelstahl, $C = 0,35\%$, $Cr = 1,5\%$, $Ni = 4 ... 5\%$. Lufthärter, 145 kg Festigkeit. b) Für Kalt- und Warmarbeit: Hochlegierter Chromstahl, $C = 1,8 ... 2\%$, $Cr = 13\%$. Öl- und Lufthärter, vergütet auf 160 ... 180 kg Festigkeit. c) Für Kaltsenkstempel: Chromnickelstahl, $C = 0,4\%$, $Cr = 1,5\%$, $Ni = 3\%$. Sehr zäh, gehärtet auf ≈ 200 kg Festigkeit (Rockwell C 52/62). Chromwolframstahl, $C = 1,2 ... 2\%$, $Cr = 12\%$, $W = 1\%$, $Va = 0,3\%$, $Co = 0,5\%$. Weniger zäh, sehr druckfest; gehärtet auf ≈ 230 kg Festigkeit (Rockwell C 63/65).

II. Die Abmessungen der Schmiedewerkzeuge.

Für die Abmessungen sind natürlich die Körpermaße des Schmiedestückes maßgebend. Trotz der großen Verschiedenheit ist eine Normung der Maße wünschenswert und auch durchführbar. Sie bedeutet eine geringere Lagerhaltung der Werkstoffabmessungen. Auch ist dann zwangsläufig eine Normung aller Befestigungsteile, wie Schwalben, Keile usw. die Folge. Die Gesenkhalter und Fußplatten können genormt werden. Schließlich greift die Normung auch auf die Maschinenteile wie Tische, Untersätze usw. über.

A. Gesenkblöcke.

Die Gesenkblockabmessungen bestimmen sich durch Umriß des Schmiedestückes und seiner Einarbeitungstiefe im Ober- bzw. Untergesenk. Bei Hammerarbeiten erhält normalerweise das Obergesenk die tiefere und stärker gegliederte, das Untergesenk die flachere Einarbeitung. Bei Preßarbeiten ist dies umgekehrt. Der Grund liegt im Wachsen des Werkstoffes: Bei der Schlagarbeit des Hammers steigt erfahrungsgemäß der Werkstoff doppelt so schnell nach oben wie nach unten, bei der Druckarbeit der Presse $1^1/_2$ mal so schnell nach unten wie nach oben. Außer dem Druck und dem Werkstofffluß beeinflußt ganz besonders auch die Wärme das Gesenk. Die Blöcke müssen groß genug sein, damit sich die eingeleitete Wärme verteilen kann und die günstigste Warmfestigkeit erhalten bleibt.

Im allgemeinen leidet das Untergesenk stärker. Trotzdem ist es nicht zweckmäßig, Ober- und Untergesenk nach dem Vorgesagten aus verschiedenen Stahlsorten anzufertigen bzw. ungleiche Größen für sie zu wählen.

Quadratische Formen des Blockquerschnittes wird man bei guter Führung des Obergesenkes wählen. Normale Maße sind: 100×100 mm, steigend um je 25 mm, bis 300×300 mm, darüber steigend um je 50 mm.

Rechteckige Form des Blockquerschnittes nimmt man bei wenig guten Führungen, um ein Kippen der Blöcke zu vermeiden. Die Höhe wird dann geringer als die Breite. Das läßt sich aber nicht immer durchführen, wenn man z. B. Vor- und Fertiggesenke nebeneinander verwendet, das Verhältnis ist dann bisweilen umgekehrt. Normale Maße (Breite × Höhe) sind:

150×125 mm	250×200 mm	350×250 mm
200×150 mm	300×250 mm bzw 200	400×300 mm.

Die nachstehenden Angaben über Gesenkblockabmessungen gelten für Fertiggesenke. Für Vorschmiedegesenke kann man die Maße etwa 20% kleiner wählen. Die Schaubilder Abb. 2 ... 5 sind auf Erfahrungswerten aufgebaut.

Gesenkblockhöhe H_g (Abb. 1). Diese richtet sich nach der größten Einarbeitungstiefe h. H_g darf nicht zu gering gewählt werden wegen Bruchgefahr, Nacharbeitungsmöglichkeit, Verschleiß und Wärmeableitungsvermögen. Hohe Blöcke geben einen elastischeren Aufprall als niedrige. Bei Hammergesenken wird auch durch größere Gesenkblöcke die Schlagleistung erhöht, sofern es sich um das Obergesenk handelt.. Bei Luftgesenkhämmern, Gesenkdampfhämmern und Schmiedekurbelpressen ist aber auf die Höhe der Gesenke wegen der begrenzten Einbaumöglichkeit besonders zu achten, weshalb sich hier gerade eine Normung von Gesenkblockhöhen, beispielsweise in Stufen von 25 ... 50 mm sehr vorteilhaft auswirkt. Im allgemeinen werden Pressengesenke niedriger als Hammergesenke ausgeführt.

Die Gesenkblockhöhe wird ermittelt aus der Formel: Gesenkblockhöhe = größte Einarbeitungstiefe $\times$ Vergrößerungszahl: $H_g = h \times f$, wobei f dem Schaubild Abb. 2 entnommen werden kann.

Beispiel:

$h = 80$ mm $\quad f = 3,5 \quad H_g = 80 \times 3,5 = 250$ mm.

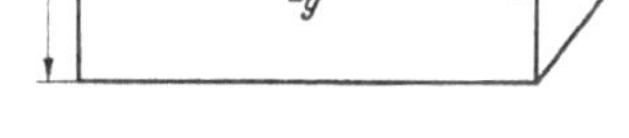

Abb. 1. Gesenkblockabmessungen.

Gesenkblockbreite B_g (Abb. 1). Diese ist bestimmt durch die größte Breite b und Tiefe h der eingravierten Hohlform. Als Richtzahlen für die Vergrößerungszahl, mit der die Schmiedestückbreite multipliziert werden muß, um die Gesenkbreite zu erhalten, wären etwa für Tiefgravuren zu nennen:

			bei freier Gratfläche	bei Stoßfläche
bis 50 mm	Schmiedestückbreite	....	3	3,5
bis 250 mm	,,	....	2,5	3
ab 250 mm	,,	....	2	2,5

Für Flachgravuren ist die Vergrößerungszahl um 0,5 zu ermäßigen. Unter Tiefgravuren sind etwa zu verstehen: Gesenkformen mit mehr als 50 mm Einarbeitungstiefe und solche, die bis $b = 100$ mm eine Einarbeitungstiefe von mehr als $\dfrac{b}{2}$ zeigen.

Runde Gesenkblöcke bedeuten kantigen gegenüber Gewichtsersparnis.

Gesenkblocklänge L_g (Abb. 1). Die Gesenkblocklänge richtet sich nach dem größten Maß l des Umrisses des Schmiedestückes und der Gesenkeinarbeitungstiefe. An der Einlegeseite werden bekanntlich Vertiefungen zum Ausheben der Schmiedestücke und zur Ersparnis von

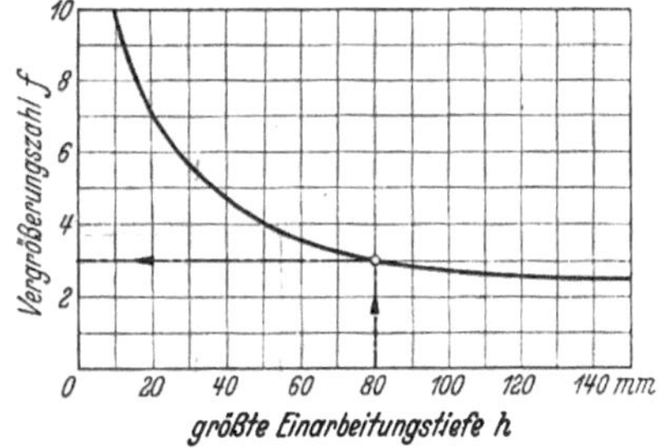

Abb. 2. Gesenkblockhöhe.

Werkstoff bei Stangenarbeit vorgesehen. Deshalb macht man den Abstand von Einarbeitungskante bis Blockstirnkante auf der Einlegeseite etwa ein Drittel kürzer als am anderen Ende, bisweilen auch an beiden Seiten gleich groß.

Die Gesenkwandung von Blockstirnkante bis Einarbeitungskante (entgegen der Einlegeseite) macht man etwa 1,5 mal so groß wie die jeweilige Einarbeitungstiefe.

Bei notwendigen Gegendruckflächen verlängert sich die Blocklänge um die Dicke dieser Flächen (in der Draufsicht gemessen). Als Normmaße der Gesenkblocklänge kommen Abstufungen von 50 mm in Frage, von etwa 100 mm ab. Über 500 mm Länge nimmt man Abstufungen von je 100 mm.

B. Einsatzgesenke.

Bei kleineren Schmiedestücken und bei runden Formen setzt man meist das eigentliche Gesenk in ein Rahmen- oder Außengesenk ein. Das hat den Vorteil, daß an hochwertigem Werkstoff gespart wird und daß Ausbesserungen bequemer sind. Besondere Schmiedeformen verlangen bisweilen Einsatzgesenke, und zwar nicht nur ein-, sondern auch mehrteilige.

Als gängige Maße wären zu bezeichnen:

Einsatzblock:　　　　　100, 150, 200, 250, 300, 400 mm Durchmesser, entsprechend
Außenblock (Halter): 300, 400, 450, 500, 600, 800 mm, rund oder kantig.

Darüber hinaus führt man die Gesenke lieber in vollem Werkstoff aus.

Kantige Einsätze sind weniger wirtschaftlich und werden nur vereinzelt verwandt. Doch auch die Ausführung runder Einsatzgesenke unterliegt gewissen technischen Beschränkungen. Besonders für Hammergesenke ist es meist nicht möglich, auch noch ein Vorschmiedegesenk mit in das Rahmengesenk einzusetzen, weil der Block zu groß und das Verkeilen zu schwierig würde. Bei Preßgesenken setzt man dagegen oft mehrere Einsatzgesenke in einen Block.

C. Abmessungen der Abgrat-Schnittplatten.

Mehr noch als bei den Gesenkblöcken ist hier eine Normung notwendig, um Werkstoff zu sparen und die Anzahl der erforderlichen Fuß- oder Grundplatten zu beschränken. Die Breiten und Dicken sind in jedem Falle zu normen, da Schnittstahl oft in Stangen vorrätig gehalten wird.

Länge der Schnittplatte L_s. Sie ist abhängig von der Länge l des Schmiedestückes und wird ermittelt aus der Formel: Schnittplattenlänge = Schmiedestücklänge × Vergrößerungszahl: $L_s = l \times f_1$, wobei f_1 dem Schaubild Abb. 3 entnommen werden kann.

Beispiel: $l = 200$ mm $f_1 = 1{,}5$ mm, lt. Schaubild

$$L = 1{,}5 \times 200 = 300 \text{ mm}.$$

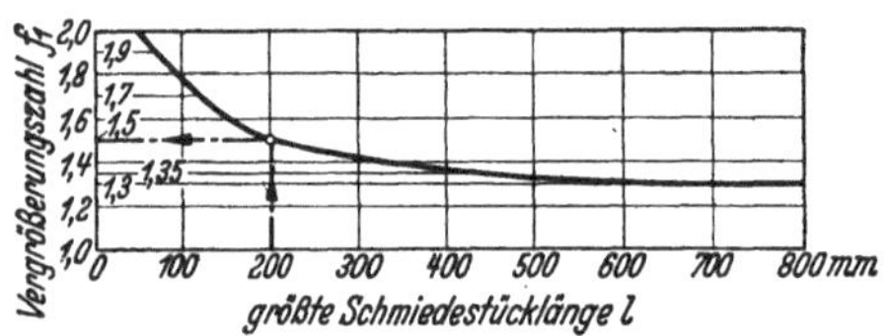

Abb. 3. Schnittplattenlänge.

Breite der Schnittplatte B_s. Sie ist abhängig von der Breite b des Schmiedestückes und wird ermittelt aus der Formel: Schnittplattenbreite = Schmiedestückbreite × Vergrößerungszahl: $B_s = b \times f_2$, wobei f_2 dem Schaubild Abb. 4 entnommen werden kann.

Beispiel: $l = 150$ mm　$f_2 = 2{,}6$ mm, lt. Schaubild
　　　　$b = 50$ mm　$B = 50 \times 2{,}6 = 130$ mm.

Die Breite kann vermindert werden, wenn man die Schnittplatte in schwalbenschwanzförmige Führungen einspannt. Man entlastet dadurch etwaige Befestigungsschrauben oder kann sie ganz weglassen.

Dicke der Schnittplatte D_s. Sie ist abhängig von der Länge l des Schmiedestückes und der Ausführung des Abgratwerkzeuges. Bei einfachen Schnittplatten wird sie ermittelt aus der Formel: Schnittplattendicke = Schmiedestücklänge × Vergrößerungszahl: $D_s = l \times f_3$, wobei f_3 dem Schaubild Abb. 5 entnommen werden kann. Die Werte gelten für größere Schmiedestückzahlen.

Beispiel: $l = 200$ mm, $f_3 = 0{,}5$ mm, lt. Schaubild
　　　　$D_s = 0{,}5 \times 200 = 100$ mm.

Das ist keinesfalls zu dick. Man muß die Nacharbeitungsmöglichkeit berücksichtigen, desgl. den evtl. Scherenschnitt der Schnittoberfläche.

Man verwendet in der Gesenkschmiedeindustrie Schnittplattendicken von etwa 40 ... 120 mm, die man zweckmäßig in Abstufungen von 20 ... 25 mm vorrätig hält. Bei Verwendung von Brücken oder Stützplatten (Abb. 6)

und bei Einsatzschnitten (Abb. 7) kann man geringere Dicke nehmen und etwa 30% im Höhenmaß herabgehen. Das bedeutet also Werkstoffersparnis bei teurem Schnittstahl. In Wirklichkeit braucht man ja den guten Stahl nur an der Schneidkante. Die Brücken werden aus gewöhnlichem S.-M.-Stahl hergestellt.

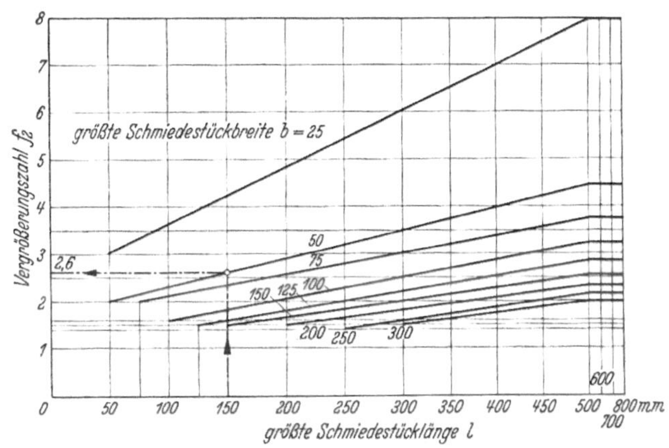

Abb. 4. Schnittplattenbreite.

D. Abmessungen des Stempels.

Die Länge und Breite des Stempels richtet sich ganz nach der Schnittform des Schmiedestückes, sofern man ihn aus einem Stück anfertigt. Man setzt ihn auch, um Werkstoff zu sparen, aus einzelnen

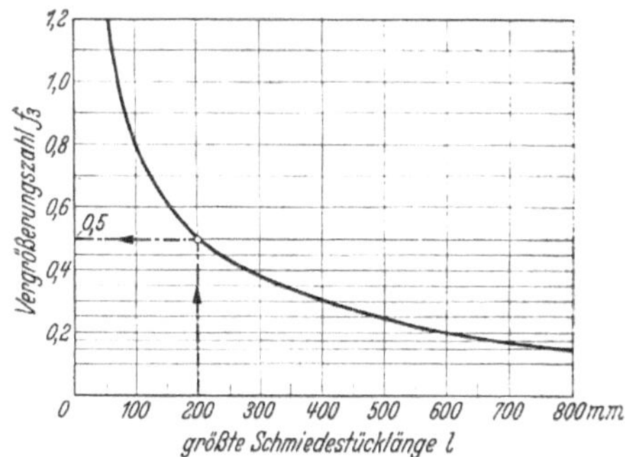

Abb. 5. Schnittplattendicke.

Abb. 3 ... 5. Abmessungen der Schnittplatte aus der größten Schmiedestücklänge.

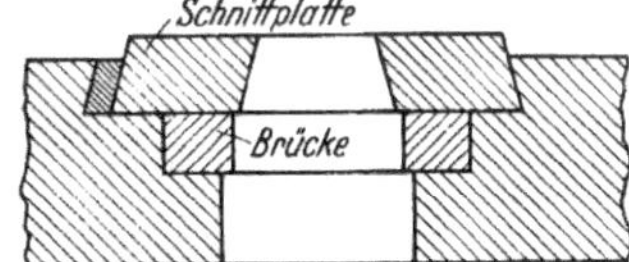

Abb. 6. Schnittplatte mit Brücke.

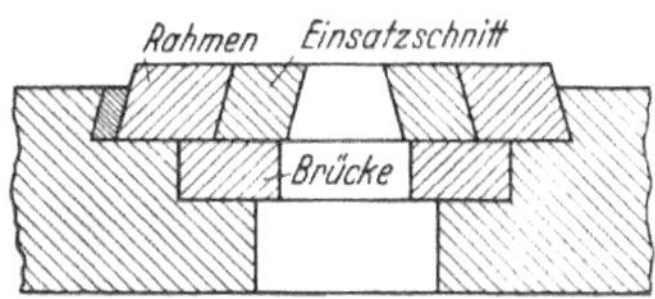

Abb. 7. Einsatzschnitt mit Brücke.

Stücken zusammen, wie in Abb. 8. Zwischen Stempel und Schnittplatte wird ein Spalt s (s_1, s_2) gelassen (Abb. 9); es beträgt für Außenschnitte nach Ausführung I: $s_1 = 0{,}05 \times$ Gratdicke, nach II: $s_2 = 0{,}10 \times$ Gratdicke. Ausführung I schneidet besser als Ausführung II, bedeutet aber größeren Verschleiß der Schneidkanten. Beide Ausführungen sind in Gebrauch.

Abb. 8. Zusammengesetzter Stempel.

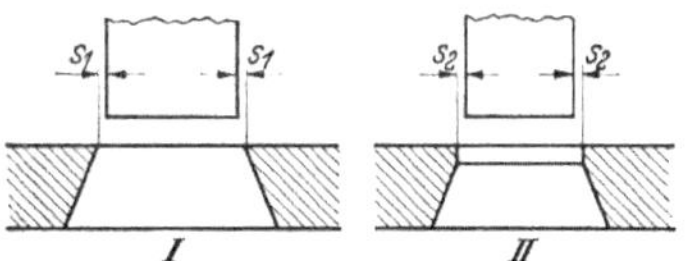

Abb. 9. Spalt zwischen Schnittkante und Stempel.

Für Dorne, also für Lochschnitte, ist das Spaltmaß, da meist größere Werkstoffdicken zu durchstoßen sind, $s = 0{,}05 \times$ Werkstoffdicke.

Der Stempel soll im allgemeinen 5 ... 10 mm tief in die Schnittplatte einfahren. Dieses Maß, ferner die Höhe des Stempelhalters, der Fuß- und Grundplatten, die Entfernung zwischen Tisch und Stößel und der Hub der Presse bestimmen die Höhe des Stempels. Auch dieses Maß normt man zweckmäßig, um nicht soviel Sorten Stempelstahl vorrätig halten zu müssen. Übliche Stempelhöhen sind 80 ... 110 mm, nicht kleiner, um die Übersicht beim Abgraten nicht zu verlieren.

III. Herstellung der Schmiedewerkzeuge.

A. Allgemeines.

Mit dem Fortschreiten der Technik verschiebt sich im Rahmen des Gesenkschmiedens die Handwerkskunst des Schmiedens immer mehr zugunsten der Tätigkeit des Schmiedeingenieurs und seines Werkzeugmachers. Wenn auch die Geschicklichkeit des Schmiedes stets notwendig sein wird, so wird ihm doch andererseits durch die Werkzeuggestaltung der Gang der Arbeit genau vorgeschrieben, und das ist notwendig angesichts der dauernd steigenden Ansprüche. Heute verlangt man maßhaltige Schmiedestücke und läßt nur bestimmte Abweichungen zu. Bei kleinen Abmessungen sind Ansprüche von $\pm$ 0,25 mm Dicketoleranz zu erfüllen, die dann bei großen Stücken bis auf einige Millimeter steigt. Die Längenmaße zeigen für genaue Schmiedestücke Abweichungen von 0,5 ... 0,3%, bei handelsüblichen Schmiedestücken das Doppelte. Teilweise werden auch Gewichtstoleranzen und Entgratungstoleranzen vorgeschrieben, bei langen Teilen auch Richttoleranzen. Alles das bedeutet in erster Linie genaue Anfertigung und Überwachung der Werkzeuge.

Erwähnt sei, daß die Vorgesenke etwas anders geformt sein müssen als die Fertiggesenke. Man schafft Übergänge zwischen der Werkstoffvorform und der Schmiedefertigform. Der Werkstoff fließt schon leichter, wenn die Hohlkehlen der Vorform größer sind als die der Fertigform, und man macht ferner die ganze Vorform etwas tiefer und weniger breit als die Fertigform, damit die Vorform durch Stauchen im Fertiggesenk fertiggeschmiedet werden kann (Näheres siehe Gesenkschmiede I, Heft 31).

Die wichtigsten Werkzeugmacher in der Gesenkschmiede sind: der Gesenkschlosser, der Gesenkfräser (Graveur), der Schnitteschlosser, der Härtefachmann.

B. Gußgesenke (Grau- oder Stahlformguß).

Die Herstellung dieser Werkzeuge ist einfach und billig. Die nach Modell und Schablone roh gegossene Form wird an der Oberfläche geschliffen, gefeilt und geschabt, bis sie tadellos glatt ist. Gußporen müssen „autogen" oder elektrisch zugeschweißt werden. Bisweilen legt man von Anfang an Schrumpfringe um die Form, um sie widerstandsfähiger zu machen.

C. Stahlgesenke: Vorbereitung zur Verarbeitung.

1. Zeichnerische Darstellung und Anreißen der Gesenkform. Um Stahlgesenke richtig herstellen zu können, müssen sie aufgezeichnet werden, was auf verschiedene Weise geschehen kann: Man zeichnet entweder nur die Schmiedeform mit der entsprechenden Gesenkteilung in Naturgröße und Schwindmaß auf, oder man zeichnet die Schmiedeform mit dem ganzen Gesenkblock entweder in natürlicher Größe oder in verkleinerter Form.

Das Anreißen der Gesenkform. Es gibt verschiedene Möglichkeiten:

a) Aufreißen und Ankörnern der Gesenkform im Schwindmaß unmittelbar auf dem Block, ohne eine Gesenkzeichnung anzufertigen. Besonders zu empfehlen bei Blockgrößen über 200 mm Durchmesser. Genauestes Verfahren.

b) Anfertigung einer Gesenkzeichnung im Schwindmaß mit Angabe aller Fertigmaße und sonstigen Arbeitsanweisungen, Durchkörnern der Umrißlinien des Zeichnungsoriginals auf den Gesenkblock. Anfertigung von Lichtpausen der durchgekörnten Zeichnung als Werkstattzeichnungen. Nachteil des Verfahrens: Ungenauigkeit durch Verziehen des Papiers, also Vorsicht in der Anwendung.

c) Anfertigung einer Gesenkzeichnung, einer Pause und Lichtpause nur mit dünnen Umrißlinien zum Durchkörnern. Anfertigung einer Pause und Lichtpause mit dicken Linien als Werkstattzeichnung. Nachteile wie unter 2, jedoch noch stärker. Bei genauen Teilen unbedingt abzulehnen.

d) Aufreißen der Gesenkzeichnung im Schwindmaß auf einem Blech und Herstellung einer Vollschablone, zum Anreißen des Umrisses der Gesenkform auf dem Block (Abb. 10 ... 13). Alsdann Rißlinien ankörnern. Empfehlenswert bei öfterer Wiederholung des Gesenkes. Scharfes Anreißen erforderlich, sonst Ungenauigkeiten.

e) Verfahren wie vor, doch Herstellung einer Hohlschablone (Abb. 14), die in stärkerer Ausführung auch als Frässchablone, also als Führung für den Fräser, verwendet wird.

f) Aufreißen der Schmiedeform auf Block oder Schablone im doppelten Schwindmaß zur Herstellung des Leistens (Gegenform für die hohle Gesenkform) zum Warmsenken. Beim Kaltsenken ist natürlich die Größe ohne Schwindmaß zu nehmen.

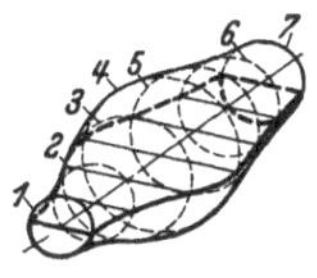

Abb. 10.
Gesenkform.

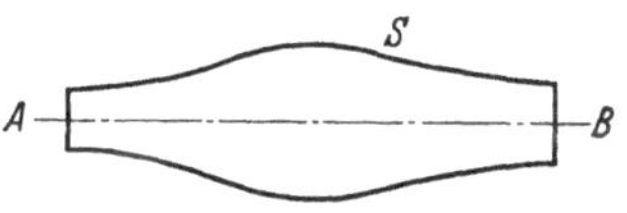

Abb. 11. S = Vollschablone der Gesenkform Abb. 10.

2. Vorbereitung der Oberfläche. Die Oberfläche des Gesenkblockes wird bei der Bearbeitung auf der Hobelmaschine vor- und mit feinem Span nachgehobelt. Trotzdem ist sie dem Gesenkmacher noch nicht glatt genug; er reibt noch mit Feile und Schaber und Schmirgelleinen nach, bis der Hobelstrich verschwunden ist. Neuzeitlich eingerichtete Werkzeugmachereien schleifen die Flächen auf der Flächenschleifmaschine. Vor allem gibt man acht, daß die Flächen fettfrei bleiben. Dann streicht man mit dem Pinsel eine Lösung von Kupfervitriol auf, die mit ein paar Tropfen Schwefelsäure angesäuert wurde (4 ... 5 Tropfen auf 1 l Lösung). Die Platte bedeckt sich dabei sofort mit einem feinen Kupferüberzug. Mit weichem Lappen wird die Flüssigkeit vorsichtig abgewischt und die Fläche abgetrocknet. An Stelle von Kupfervitriol streicht man auch Rotstein auf und verwischt ihn naß gleichmäßig, damit die Rißlinien schärfer zu erkennen sind. Auch weiße Schlemmkreide benutzt man; jedoch läßt sie die Rißlinien nicht so sauber einziehen.

3. Technik des Anreißens. Man zieht jetzt nach genauer Ausmittlung mit scharfer Reißnadel und Stahlwinkel eine Mittellinie, z. B. $A—B$ (Abb. 13) in der Länge des Blocks, bzw. das Achsenkreuz und legt die genau gearbeitete Vollschablone des Körpers (Abb. 11), mit ihrer Mittellinie genau darüber, indem man den richtigen Abstand von der Kante wählt. Dann umfährt man mit der scharfen Reißnadel, die man etwas schräg hält (Abb. 12), die Schablone, zieht den Umriß nach und punktiert ihn mit einem feinen Körner. Hiermit ist die Form auf dem Gesenkblock festgelegt. Etwaige Linien, wie $1—1$, $2—2$ usw. in Abb. 13 werden genau rechtwinklig zur Achse eingerissen (sie dienen zur Anlage der Ausarbeitungsschablonen, siehe weiter unten). Hat man eine Hohlschablone, wie Abb. 14, die so groß bemessen ist wie die Gesenkfläche und Löcher für die Führungsbolzen hat, so erleichtert man sich die Arbeit in folgender Weise: Man legt die aus 0,3 mm dickem, entzundertem Stahlblech gefertigte Schablone auf die Gesenkfläche und befestigt sie durch vier genau gedrehte Bolzen a in den Führungslöchern. Dann umfährt man mit scharfer Reißnadel die untere Innenkante der Schablone (indem man die Nadel wieder etwas schräg hält). Auf der anderen Gesenkhälfte reißt man die Form auf dieselbe Weise an, nur muß man dabei die Schablone umgekehrt auf die Gesenkfläche legen. Die Mittellinien werden mit der Schablone angerissen und hinterher bis zu den Kanten des Gesenks durchgezogen, so daß hier an der Gesenkkante Marken des Achsenkreuzes entstehen. Nach Auftragen der Formen auf beiden Gesenkhälften, werden diese vorläufig mit Führungsstiften zusammengelegt und die schwachen Marken des Achsenkreuzes auf vollkommene Deckung

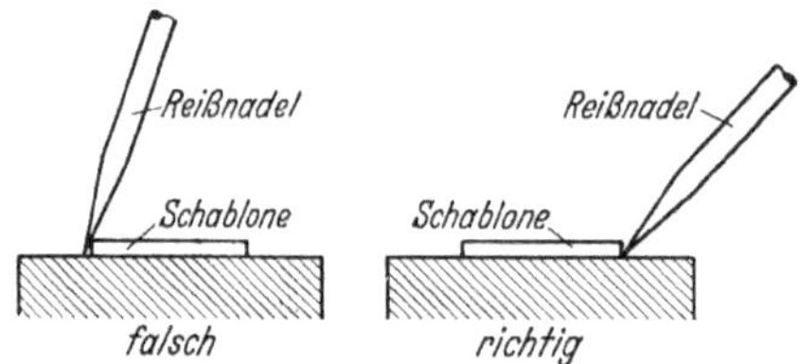

Abb. 12. Haltung der Reißnadel.   Abb. 13. Anreißen des Gesenkblockes mit Vollschablone.

untersucht, oder, falls sie nicht decken, der Fehler gesucht und verbessert. Ist die Deckung erreicht, werden die Marken des Achsenkreuzes stärker bezeichnet. Man kann dies Verfahren stets anwenden, wenn man die Schablone so groß macht wie die Gesenkfläche. Man kann aber auch durch entsprechende Dicke (etwa 4 ... 5 mm) der Schablone es ermöglichen, daß sie gleich als Führung für den Fräser besonders bei Flachfräsungen benutzt werden kann. Der Fräser muß

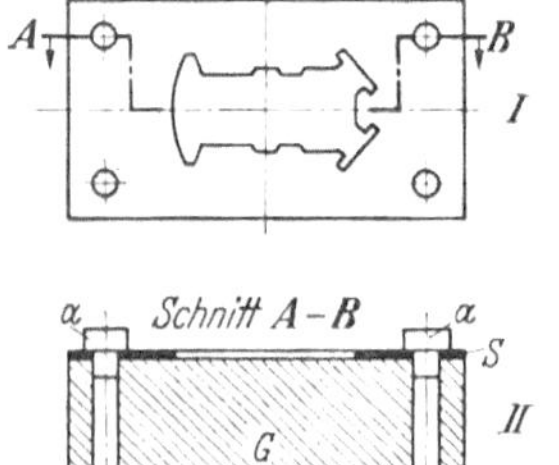

Abb. 14. Anreißen des Gesenkblockes mit Hohlschablone. *I* Hohlschablone, *II* Hohlschablone auf Gesenkblock befestigt. *a* Bolzen, *s* Schablone, *G* Gesenkblock.

nur so ausgeführt und die Schablone so gestellt werden, daß der Fräser mit seiner glatten Fläche und nicht mit der Schneidfläche an der Schablone vorbeigeleitet wird. An Stelle des Anreißens mit Schablonen können natürlich die bereits erwähnten verschiedenen Verfahren entsprechend angewandt werden.

Genaue Winkel können mit dem Winkelmaß oder dem Winkelmesser angerissen werden oder ohne diese Hilfsmittel mit dem Tangens des Winkels, dessen Werte aus den bekannten Tabellen zu entnehmen sind. Für große Winkel, größer als 45°, empfiehlt es sich, den Winkel in 2 Teilen aufzutragen, zuerst etwa 45° und daran den Rest.

Bei Gesenken mit gebrochener Teilfuge muß das Blockpaar lose „zusammengehobelt" werden, d. h. Ober- und Unterteil werden erst gehobelt, daß sie zusammenpassen, bevor die Gravur angerissen und eingearbeitet wird.

D. Stahlgesenke: spangebende Bearbeitung.

Vom Standpunkt der Bearbeitung teilt man die Gesenke ein in Rundgesenke und kantige Gesenke. Zu den ersteren gehören Büchsen, Dorne und Gesenkformen, deren Drehachse mit der Schlagrichtung der Schmiedestücke zusammenfällt. Abb. 15 zeigt eine solche Form, während Abb. 16 einen Drehkörper zeigt, der quer zur Lochachse geschmiedet wird — welche Formen auf Fräsmaschinen und Hobelmaschinen hergestellt werden, wie die übrigen kantigen und unregelmäßigen Gesenkformen. Natürlich kommt auch die Vereinigung beider Arten vor. Die Grundforderung, den Werkstoff auf die schnellste und billigste Weise wegzuarbeiten, erreicht man heute in Zusammenwirken von Hobeln, Bohren, Drehen, Fräsen.

Hobeln. Es ist üblich, kleinere Gesenkblöcke allseitig genau rechtwinklig zu hobeln mit Rücksicht auf Anreißen und Prüfen der Gravur. Bei größeren Blöcken hobelt man aus Gründen von Zeitersparnis nur Auflage – Gravurfläche – und die seitlichen Spannflächen (Schwalben), und diese meist auch nur in der Höhe, in der sie benötigt werden. Bisweilen werden auch größere Blöcke nach Art von Abb. 17 gehobelt, d. h. alle Kanten der Gravurfläche werden als Meß- oder Anschlagkanten genau rechtwinkelig in einer entsprechenden Höhe gehobelt, um ein genaues Zusammenpassen der Gesenkhälften zu erreichen. Vor- und Fertig-

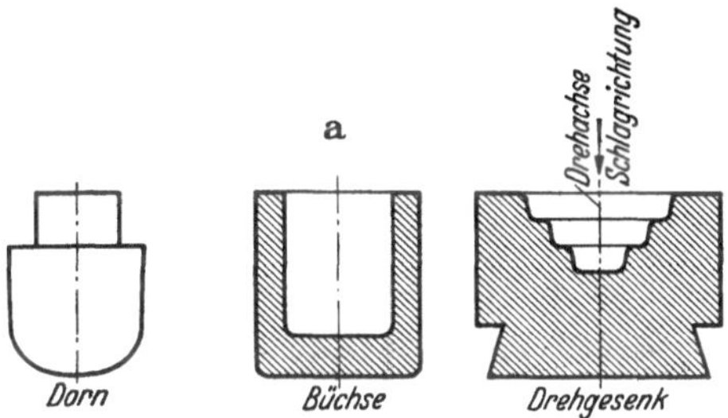

Abb. 15. Werkzeuge für Drehkörper (Achse in Schmiederichtung).

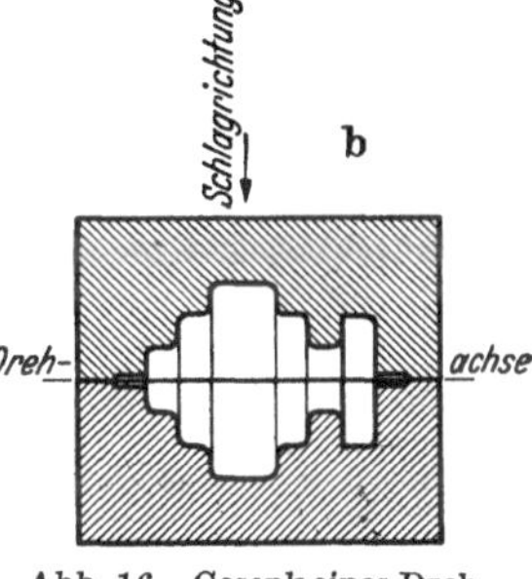

Abb. 16. Gesenk eines Drehkörpers (Achse rechtwinklig zur Schmiederichtung).

gesenke, die nebeneinander eingebaut werden, hobelt man vorteilhaft zusammen. Die zusammenstoßenden Seitenflächen der Blöcke versieht man bisweilen mit einem Raster, d. h. mit senkrechten Riefen, die das gegenseitige Verschieben der Blöcke verhindern, zumindest mildern. Zum Hobeln der Gesenkblöcke werden handelsübliche Maschinen mit hoher Spanleistung verwandt. Für kleinere Blöcke nimmt man die sogenannten Kurzhobler, für größere Blöcke Tischhobelmaschinen.

Bohren. Das früher oft geübte Ausbohren von Gesenkformen in der Weise, daß man ein Loch neben das andere bohrt, ist nicht mehr als neuzeitlich anzusprechen. Zum Fräsen ist natürlich zunächst ein Anbohren erforderlich, um den Fräser in die Gesenkform einlassen zu können.

Zweckmäßig ist es, in die Stirnflächen der Blöcke zu Anfang Löcher von 25 ... 30 mm ∅ einzubohren, die sogenannten Greiferlöcher, die zum bequemen Befördern dienen sollen, siehe Abb. 31 (S. 20).

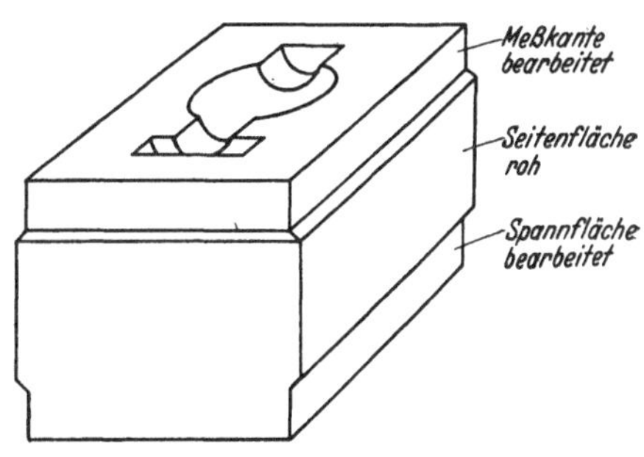

Abb. 17. Gesenkblock mit Meßkanten.

Drehen. Auf der Drehbank werden hergestellt: Einsatzgesenke, die in einen Gesenkhalter eingepreßt, kegelig eingelassen oder mit einer Brille befestigt werden, ferner Büchsen zum Dornen der Hohlkörper, Hülsen und Dorne selbst und schließlich alle Gesenkrundformen, die ausgedreht werden können.

Mehrteilige Einsatzgesenke werden zum Innen- und Außendrehen mit Laschen zusammengespannt oder zusammengelötet, nachdem man die Paßflächen „zusammengehobelt" hat. Gelötet wird, indem man die Teile erhitzt (Holzkohlenofen), mit Salmiak bestreut und eine Zinnstange darauf reibt und die Hälften in heißem Zustande aufeinanderlegt, wobei das Zinn flüssig sein muß. Das Löten kommt für kleinere Abmessungen in Frage.

Abb. 18 zeigt ein zwei-, drei- und vierteiliges kegeliges Einsatzgesenk (mit Sicherungsstiften b in den Teilfugen gegen Verdrehung).

Geeignete Drehbänke für die Gesenkherstellung sind kräftige einfache normale Arten mit kurzer Drehlänge, mit Leit- und Zugspindel, ferner für größere Blöcke Plan- und Karuselldrehbänke. Diese gestatten, die Hohlformen halbselbsttätig auszudrehen. Abb. 19 zeigt eine Einrichtung zum Elliptischdrehen von Gesenken auf der Leitspindeldrehbank.

Der Grundgedanke beruht auf der Konstruktion einer Ellipse mit Hilfe der großen und kleinen Achse der Ellipse. Jede der Ellipsenachsen muß mit dem Hub einer der beiden Kurbelzapfen G und I übereinstimmen. Beim Arbeiten beschreibt dann die Drehstahlspitze den Umfang einer Ellipse. Wenn der Hub der Kurbelzapfen G und I auf gleiches Maß eingestellt ist, erzeugt der Drehstahl einen Kreis, so daß eine halbkugelige Ausdrehung erhalten wird. Im dargestellten Beispiel bestimmt der Hub des Zapfens G in Kurbelscheibe K den größten Durchmesser der Gesenkausbohrung, während der Zapfen I der Scheibe L die Tiefe der Aussparung gibt. Wenn diese Einrichtung auf der Drehbank angebracht wird, muß der Oberschlitten vom Support entfernt werden. Mit kleinen Abänderungen kann man diese Vorrich-

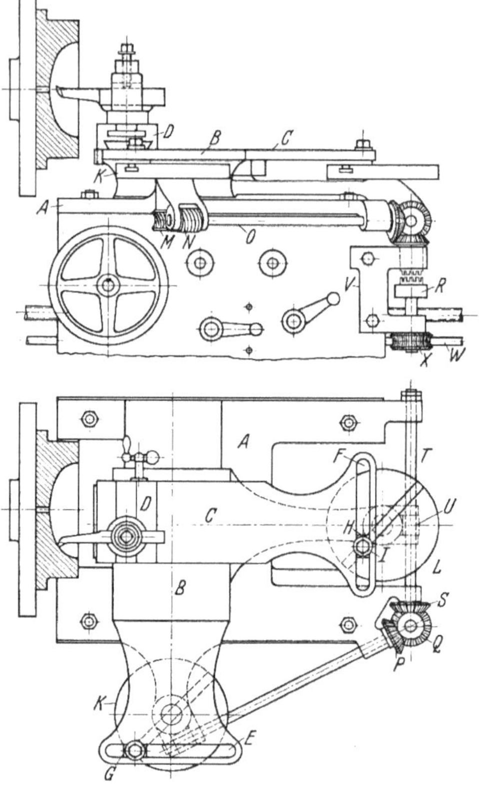

Abb. 18.
2- bzw. 3- bzw. 4teiliges Einsatzgesenk.

Abb. 19. Einrichtung zum Elliptischdrehen von Gesenken auf der Drehbank.

tung auch auf Bohr- und Fräsmaschinen benutzen. Das Gesenk kommt dann auf einen besonderen Tisch. Der Durchmesser der Fräser muß ferner beim Einstellen der Kurbelzapfen berücksichtigt werden. Die Einrichtung besteht aus dem Support A, auf dem rechtwinkelig zueinander die Schlitten B und C ruhen. Auf C sitzt noch der verstellbare Werkzeugsupport D. Am Ende der Schlitten B und C sind Schlitze E und F, in denen sich Gleitsteine zur Aufnahme der Kurbelzapfen G und I befinden, die mit den Kurbelscheiben K und L verbunden sind. Diese wiederum sind durch die Getriebe M, N, O, P und U, T, S mit dem senkrechten Kegeltrieb Q, der Kuppelung R und dem Schneckenrad X verbunden, wodurch die Verbindung mit der Hauptantriebswelle W hergestellt ist. (WT 1926, H. 7.)

Eine weitere Sondereinrichtung wäre das Ausdrehen von Sechskantgesenken (Abb. 20). Damit kann man durch Einstellen verschiedener Kopierrollen mit dem Drehstahl scharfeckige Sechskante herstellen.

Fräsen. Am häufigsten werden die Gesenke gefräst. Während man beim Bohren, Drehen und Hobeln mit Normalwerkzeugen auskommt, benötigt man beim Fräsen allerhand Sonderwerkzeuge. Im allgemeinen arbeitet man auf Senkrechtfräsmaschinen mit dem Schaftfräser — auch Fingerfräser genannt — (Abb. 21), am besten mit zylindrischem Schaft, bisweilen arbeitet man auch auf Waagerecht-

fräsmaschinen mit Walzenfräsern (glatten, auch profilierten), die sogar die ganze Form der Gravur darstellen können, wie z. B. bei Drehkörpern. Die Schaftfräser, aus bestem Schnellstahl angefertigt, etwa in den Maßen von 10 ... 30 mm ⌀, um je 5 mm steigend, schneiden entweder nur am Umfang (seitlich) oder am Umfang und an der Stirn. Im ersten Fall sind sie zylindrisch oder kegelig, wobei der Kegel sich nach der Seitenschräge im Gesenk richtet. Es kommen aber auch profilierte Formen vor.

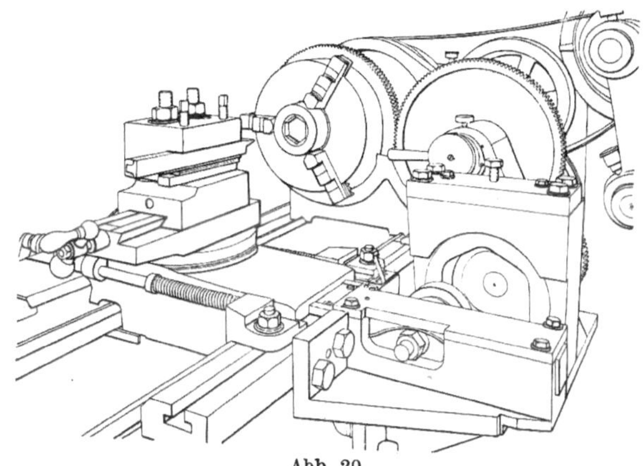

Abb. 20.
Einrichtung zum Kopierausdrehen von Sechskanten.

Die Stirnfräser haben an der Stirn entweder gerade Zähne, rechtwinklig zur Achse und dienen dann dazu, gerade (ebene) Flächen zu fräsen, oder sie haben kugelförmige Zähne, um Rundungen zu fräsen. In diesem Falle sollen sie den Durchmesser der herzustellenden Rundung haben. Das bedeutet einen ganzen Satz Fräser, der etwa um 2 ... 3 mm steigend von 10 ... 40 mm ⌀ gewählt wird. Damit spart man viel Nacharbeit. Die Formfräser paßt man deshalb genau dem verlangten Profil an. Die normalen Fräser aller Arten hält man zweck-

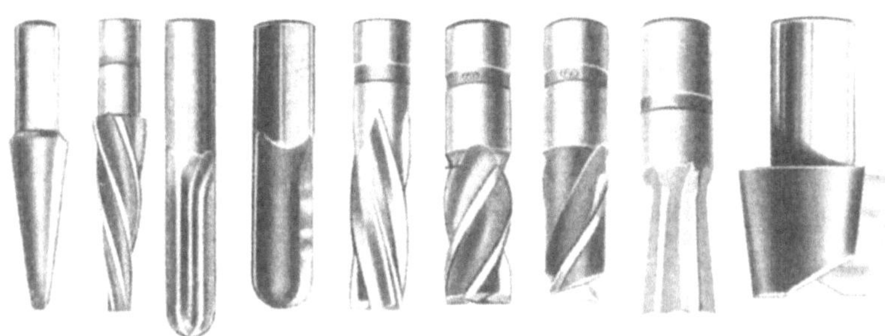

Abb. 21. Schaftfräser zum Ausarbeiten der Gesenkformen.

mäßig in genügender Menge stets vorrätig, um bei Bruch oder Nacharbeit keinen unnötigen Aufenthalt zu haben.

Der Gesenkblock muß auf den Fräsmaschinentisch so aufgespannt werden, daß die Achsen von Gesenkgravur und Maschinentisch unbedingt parallel sind. Dazu dient die Ausrichtnadel (Abb. 22). Sie wird auf die Frässpindel geschoben, und ihre Spitze soll bei leiser Berührung der Gesenkoberfläche genau in der Quer- und Längsachse des Gesenkes laufen, wenn der Tisch quer und längs bewegt wird. Tiefe und schmale, verschieden hohe Einarbeitungen lassen sich während des Fräsens mit Handvorschub auf der normalen Senkrechtfräsmaschine schwer auf Maßhaltigkeit prüfen. Ein Mittel hierfür ist die Anwendung eines außenliegenden Kopierbleches, an dem ein Tiefentaster mit Spreizfinger die Maße dauernd zu prüfen gestattet. Die beiden Spreizfinger müssen genau auf Fräserbreite eingestellt sein, damit der Weg von Fräser und Taster gleich ist (Abb. 23). Man ist natürlich genötigt, beim Fräsen eines Gesenkes öfter den Fräser umzuwechseln, um mit einer anderen Form zu arbeiten.

Auf der normalen Senkrechtmaschine wird trocken gefräst. Die Späne müssen mit einem Mundblasrohr, oder besser mit Preßluft, dauernd weggeblasen werden, damit der Gesenkfräser in der Lage ist, stets nach dem Anriß so genau wie möglich zu arbeiten; denn sonst würde die anschließende Handarbeit zu umfangreich und teuer.

Die Fräsmaschinen. Entsprechend dem vielseitigen Gebrauch sind auch verschiedene Bauarten von Fräsmaschinen in Verwendung. Man kennt drei Grundarten: Die normale Senkrechtfräsmaschine, die vereinigte Senkrecht-Waagerechtfräsmaschine und die Kopierfräsmaschine.

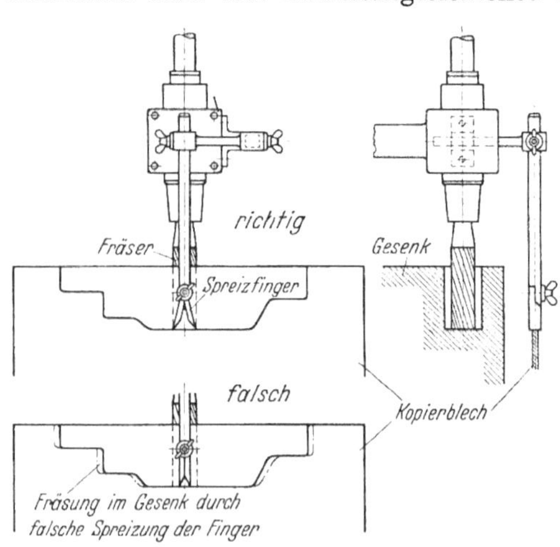

Abb. 22. Ausrichtnadel.

Abb. 23. Tiefentaster.

a) Die Senkrechtfräsmaschine wird in verschiedenen Größen noch am meisten zum Gesenkfräsen gebraucht. Zu ihrer Bedienung sind geschickte Gesenkfräser erforderlich, denn es wird in den meisten Fällen von Hand vorgeschoben. Natürlich muß die Tischverstellung nach allen Seiten auch selbsttätig sein, zur Herstellung ebener Flächen. Der Frässpindelkopf muß schwenkbar und senkrecht verstellbar sein. Die Bedienungselemente von Tisch und Spindelkopf müssen in bequemer Reichweite vom Stand des bedienenden Arbeiters liegen, der gewöhnlich rechts vor dem Tisch steht. Sie sind zweckmäßig als Handräder oder Kreuze, nicht als Kurbeln auszubilden. Man benutzt meist handelsübliche Typen von Senkrechtfräsmaschinen, jedoch ist die gewöhnlich vorhandene große Anzahl von Spindelgeschwindigkeiten und Vorschuben nicht erforderlich, da die Fräserdurchmesser nicht so stark unterschiedlich sind. Als Zusatzgerät zur genauen Herstellung kreisförmiger, hohler oder erhabener Flächen bis zu etwa 160 mm ∅ dient der Pendelfrästisch nach Abb. 24 und 25.

b) Die Universalgesenkfräsmaschine (Abb. 26) ist eine Vereinigung der Senkrecht- und Waagerechtfräsmaschine. Die Sonderbauart der Maschine besteht in dem verschieb- und drehbaren Spindelkopf, wodurch mit einfachen Fräsern, ohne Umspannen, bei Ersparnis von Spannvorrichtungen, gearbeitet werden kann. Abb. 27 zeigt eine Universalwerkzeugfräsmaschine zur Herstellung kleinerer Gesenke, Schnitte, Schablonen und Vorrichtungen. Sie stellt die Vereinigung einer Senkrecht-, Waagerecht- und Kopierfräsmaschine dar.

c) Die Gesenkkopierfräsmaschinen. Diese Maschinen werden in 3 Arten gebaut: als einfache Kopierfräsmaschinen, als Kopierfräsmaschinen mit Storchschnabel und als selbsttätige Gesenkfräsmaschinen. Die Gesenkformen werden nach Modell oder Schablone gefräst. Das hat den Vorteil, daß die Gesenke alle gleichmäßig nach Vorschrift ausfallen und daß man nicht die große Geschicklichkeit des Gesenkfräsers, wie bei der normalen Senkrechtfräsmaschine, benötigt. Allerdings

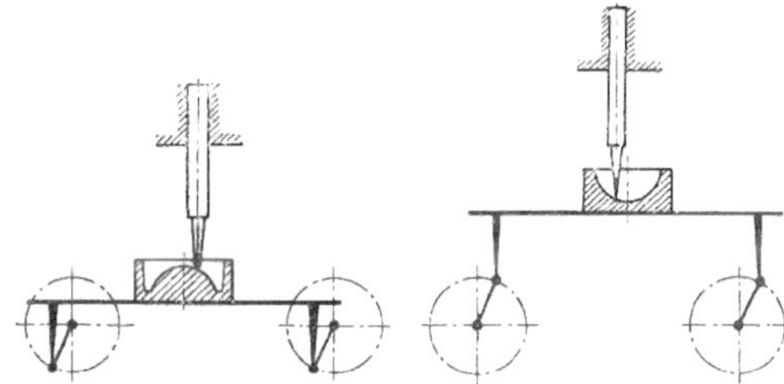

Abb. 24. Abb. 25.

Abb. 24 und 25. Pendelfrästisch.

wird die Kunstfertigkeit hier vom Modell- und Schablonenschlosser verlangt. Die Schablonen werden entweder aus Stahl- oder Messingblech angefertigt, die Modelle aus verschiedenen Stoffen. Vom Modell muß ein Abguß hergestellt werden in der Weise, daß das Modell oder Muster in einen Kasten gelegt und in Gips, Zement oder Steinmasse eingeformt wird. Dieser Abguß dient dann als Ausgangspunkt für die Gesenke. Bei Dauergesenken empfiehlt es sich, das Modell aus Bronze herzustellen. Das Kopierfräsen selbst erspart das sonst notwendige Nachmessen der ausgeführten Fräsarbeiten.

Abb. 26. Universalgesenkfräsmaschine. Abb. 27. Universalwerkzeugfräsmaschine beim Senkrechtfräsen eines Gesenkes (Gebr. Thiehl, Ruhla).

Einfache Gesenkkopierfräsmaschine (Abb. 28). Diese Maschine dient besonders zu Flachfräsungen. Der Tisch kann durch Handrad vor und zurück bewegt werden, während die Querbewegung der leichte Kopierschlitten macht, so daß der Arbeiter nicht so leicht ermüdet. Frässpindel und Kopierstift befinden

sich im Kopierschlitten. Die Frässpindel ist durch Handhebel senkrecht verstellbar. Ihre Stellung kann für Flachfräsungen verriegelt und die Frästiefe
festgelegt werden, doch ist die Frässpindel auch mit einem Hebelsystem und
Gegengewicht verbunden, das durch Fuß-
tritt die Senkrechtbewegung der Fräs-

Abb. 28. Gesenk-Kopierfräsmaschine
(Bauart Nube, Offenbach).

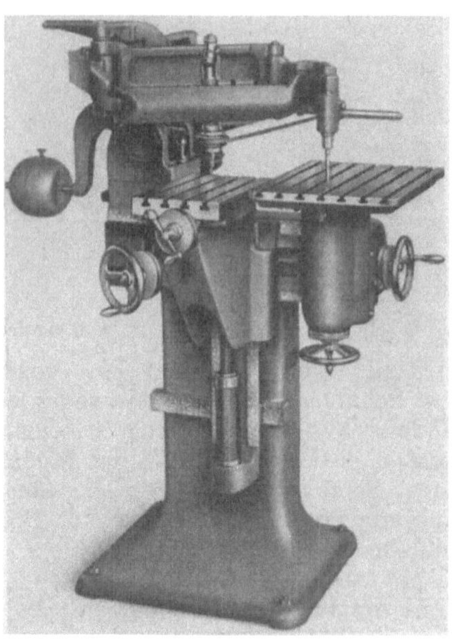

Abb. 29. Gesenk-Kopierfräsmaschine mit Storchschnabel (Bauart Deckel, München).

spindel und damit auch Profilfräsungen gestattet. Läßt man den Kopierstift an
Modell oder Schablone entlang gleiten, so arbeitet der Fräser aus dem neben-
liegenden Gesenkblock zwangsläufig dieselbe Form aus — vorausgesetzt, daß
Durchmesser von Stift und Fräser nicht wesentlich verschieden sind

Abb. 30. Preßgesenk hergestellt unter Formenfräsmaschine (Bauart Deckel).

Abb. 31. Hammergesenk hergestellt unter
Formenfräsmaschine (Bauart Deckel).

Kopierfräsmaschine mit Storchschnabel. Das gleiche leistet die
Maschine Abb. 29, nur daß sie die Form auch verkleinert oder vergrößert auf
den Block übertragen kann, und zwar im Verhältnis 1:1 bis 1:10. Auch hier

Bedienung von Hand. Der Kopierstift besitzt auswechselbare Spitzen für verschiedene Abmessungen ($\varnothing$) und Formen. Die Kopiermodelle müssen aus härterem Werkstoff angefertigt werden, wie z. B. Monolith(stein)masse. Man stellt zunächst ein Holzpositiv bei und gießt dann ein Monolithnegativ ab. Der Kopierstift wird frei von Hand oder zwangsläufig in entsprechenden Führungen in allen drei Richtungen: Länge, Breite, Tiefe, also in vollkommener Raumbewegung, geleitet. Beim Flachfräsen wird der Storchschnabel in der Ebene festgestellt und der

Abb. 32. Vorfräsen des Gesenkes (anschließend Fertigfräsen).

Abb. 33. Flachfräsungen am Gesenk (anschließend Beschriften in ähnlicher Weise mit Schriftschablone).

Arbeitstisch auf entsprechende Frästiefe eingestellt. Durch Umwechseln von Kopierstift und Fräslager kann man statt verkleinert vergrößert fräsen. Abb. 30 und 31 zeigen Gesenke, die auf einer solchen Maschine gefräst sind; Abb. 32 und 33 zeigen die Maschine bei der Arbeit an dem Gesenk Abb. 34.

Selbsttätige Gesenkfräsmaschinen. Es ist auch gelungen, Gesenke auf Maschinen völlig selbsttätig zu fräsen, und zwar sowohl auf rein mechanischem als auch elektrischem Wege. Solche Maschinen bedeuten allerdings höhere Anschaffungskosten; sie sind deshalb mit besonderem Vorteil zu verwenden, wo fortlaufend gleiche Gesenke herzustellen sind und bringen dort eine Ersparnis etwa der Hälfte an Zeit und eine große Gleichmäßigkeit der Arbeit mit sich.

Selbsttätige mechanisch gesteuerte Gesenkkopiermaschine (Abb. 35). An einer hochstehenden, von 2 Ständern getragenen Querführung kann sich ein Schlitten bewegen, der einen Schwingrahmen trägt, an dessen unterem Ende

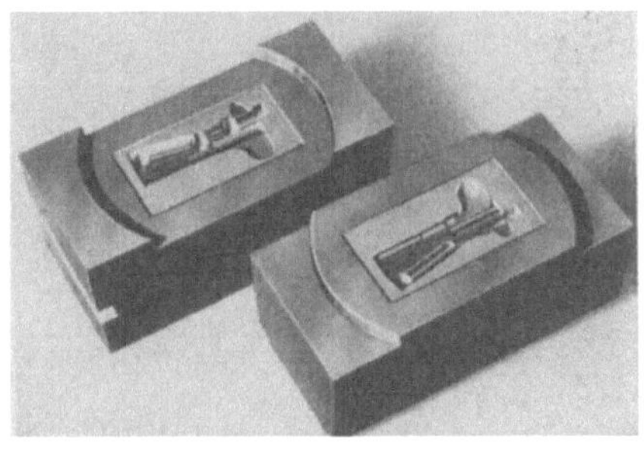

Abb. 34.
Durch Kopierfräsen hergestelltes Gesenk.

rechts die Frässpindel, links der Kopierstift sitzen. Diese laufen je vor einem verstellbaren Aufspanntisch. Die Frässpindel (bisweilen wegen tieferer Gravuren auch der Kopierstift, weil dann weniger Reibung erzeugend) wird durch einen Motor im Schwingrahmen bewegt. Der Rahmen wird durch Gewichtszug an Schablone und Werkstück angedrückt und bewegt sich bei der Arbeit in allen 3 Richtungen ganz selbsttätig, oder wenn man will, z. B. beim Vorschruppen oder Schnittfräsen, auch nur in zweien halbselbsttätig. Modell oder Schablone müssen für diese Maschine stets hart sein.

Selbsttätige elektrisch gesteuerte Gesenkkopiermaschine (Abb. 36).

Die Maschine gestattet, Modelle bzw. Schablone aus weichem Stoff, wie Gips, Zement, Holz, Blei, Plastilin, zu verwenden. (Für Schnitte benutzt man jedoch zweckmäßig Metallschablonen.) Das ist nur möglich, weil der Kopierstift einen ganz sanften Druck ausübt, wodurch die Modelle nicht beschädigt werden. Der äußere Aufbau ist etwas ähnlich der Maschine Abb. 35: Der Kopierrahmen auf der Querführung ist aber nicht mehr schwenkbar sondern starr, um jegliche Erschütterung auszuschalten. Diese Maschine kann Gesenke bis zu einer Blockgröße von 600 mm Länge, 400 mm Breite, 500 mm Höhe und 125 mm Einarbeitungstiefe bearbeiten. Auf dem Unterkasten befindet sich auf einem Konsol ein Kreuzschlitten mit den Trägern für Schablone und Werkstück. Die Maschine wird von 4 Motoren angetrieben: 1. Antrieb des Fräsers, 2. Auf- und Abbewegung des Aufspanntisches für Schablone und Werkstück, 3. seitliche Rechts- und Linksbewegung des Kopierarmes (also des Kopierstiftes und Fräsers), 4. Vorwärts- und Rückwärtsbewegung des Konsols.

Alle Bewegungen sind durch elektrische Kontakte begrenzt. Die Bewegungen können von Hand oder ganz selbsttätig durch Motor geleitet werden. Im letzten Falle sind die Druckknöpfe am Schaltschrank links zu benutzen. Die vollselbsttätige Bewegung der Maschine wird durch den Kopierstift gesteuert, der Seele der ganzen Maschine, der freischwebend in einer staubfreien Hülle gelagert, vor jeder Erschütterung geschützt und so feinfühlig ist, daß die geringste Berührung bzw. der leiseste Andruck genügt, um ihn zum Schalten zu veranlassen: Durch die Umrißlinien des Modelles schließt oder öffnet er die Stromkreise der verschiedenen Antriebsmotoren, setzt sie in oder außer Be-

Abb. 35. Selbsttätige mechanisch gesteuerte Gesenkfräsmaschine (Bauart Nube, Offenbach).

wegung, so daß die Gestalt des Modells auf das Werkstück übertragen wird. Außer dem Kopierstift sind zum Antrieb der Motoren noch Relais nötig. Kopierstift und Relais erhalten ihre Speisung durch eine Schwachstromdynamo. Die Maschine ist leicht von einem ungelernten Mann zu bedienen. Bei Überlastungen wird sie durch einen regelbaren Schalter selbsttätig stillgesetzt. Die Arbeit am Werkstück ist sehr sauber, so daß nur eine geringe Nacharbeit von Hand notwendig ist.

Eine ähnliche Maschine wie diese deutsche und Vorläuferin dieser Art Maschinen überhaupt, ist die amerikanische Keller-Gesenkkopierfräsmaschine. Bei der neuesten Ausführung dieser Maschine braucht man im Gegensatz zu den anderen Arten überhaupt kein Modell mehr, sondern arbeitet mit der gleichen Genauigkeit nur noch nach Blechschablonen: einem Satz Umriß- und einem Satz

Tiefenschablonen. Die Maschine besitzt 2 Fühlstifte, die jeweils an diesen nebeneinander befestigten Schablonen geführt werden, und die mit diesen beiden Flächenbewegungen die Raumbewegung des Fräsers erzeugen. Das hat als Vorteil die vereinfachte und verbilligte Herstellung der ebenen Schablonen und ihre bequeme Aufbewahrung gegenüber derjenigen von körperlichen Modellen. Die Keller-Maschinen dienen zur Herstellung von Gesenken, Schnitten, Stempeln, Vorrichtungen, Lehren, Modellen, Zahnrädern, Fräsern. Die größte von ihnen hat eine waagerechte Fräslänge von 2740 mm, kann also die größten Gesenke fräsen.

E. Stahlgesenke: Handarbeit.

Es hängt von der maschinellen Einrichtung und der Ausbildung der Werkzeugmacher ab, mit welcher Genauigkeit man sich ohne Handarbeit der Fertigschmiedeform annähern kann. Ganz ohne Handarbeit geht es nicht. Die Ecken kann man z. B. nicht immer maßgerecht ausfräsen, und die Kanten sind nachträglich abzurunden.

Die eigentlichen Werkzeuge. Das geschieht mit dem Meißel, der oft eigenartige Gestalt hat und flach, spitz oder rund, gerade oder gebogen sein und nach Bedürfnis auch abgeändert werden kann. Dann wird die Form mit dem Stichel

Abb. 36. Selbsttätig elektrisch gesteuerte Gesenkfräsmaschine (Bauart Nube, Offenbach).

und Schaber geglättet, von denen Abb. 37 einige Formen zeigt. Anschließend werden die Kanten und Flächen mit der Löffel- oder Riffelfeile (Abb. 38) bearbeitet, die auch in allen nötigen Formen auf dem Markt ist, meist mit dem Hau „halbschlicht". Bei ganz tiefen Stellen, denen man mit Stichel und Schaber nicht beikommen kann, wird durch Hämmern mit Punzeisen (Stemmer) (Abb. 39) der Stahl ein wenig zusammengedrückt, bis er bei glatter Oberfläche die gewünschte Form angenommen hat.

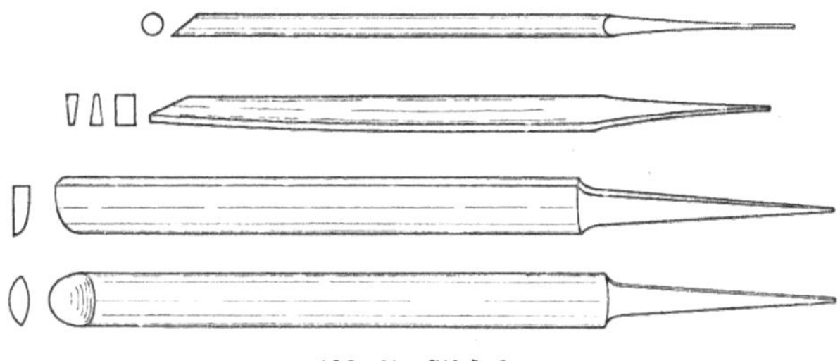

Abb. 37. Stichel.

Handmaschinen. Für diese Handarbeiten benutzt man heute, soweit möglich, die Handfeil-, -fräs- und -schleifmaschine (Abb. 40 und 41), die stehend oder hängend mit Laufkatze verwandt wird, je nachdem es der Betrieb für zweckmäßig empfindet. In das Handstück am Ende der biegsamen Welle können Fräserfeilen oder Schleif- oder Polierräder eingespannt werden, oder auch hin- und hergehende Werkzeuge, wie Schaber und Feilen. Während die Maschine Abb. 40 mit ihren 10 verschiedenen Geschwindigkeiten von 1000 ... 40000 U/min für alle Arbeiten zu gebrauchen ist, wird die kräftige Ausführung (Abb. 41) zweckmäßig nur als Feil- bzw. Fräsmaschine benutzt, da sie nur verhältnismäßig kleine Umdrehungszahlen besitzt. Zum Feilen und Fräsen genügen 1000 bis 1500 U/min, zum Schleifen sind dagegen 40 000 bis 60 000 U/min nötig, wenigstens für Gesenkarbeiten. An Stelle des elektrischen Antriebes benutzt man bisweilen auch Preßluft für diese Maschinen, wie es überhaupt in der Ausbildung dieser Hilfsmaschinen heute schon große Verschiedenheiten gibt (Bosch-Schleifer: Handmotor mit Kabelzuführung).

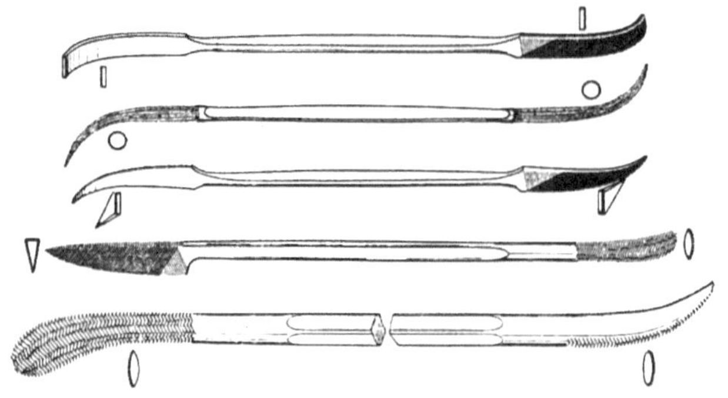

Abb. 38. Löffel- oder Riffelfeilen.

Um die Gesenke bei den Handarbeiten bequem mit der Hand in alle Lagen drehen und wenden zu können, spannt man sie in den Kugelschraubstock (Abb. 42) oder legt sie auf Lederkissen, die mit Sand gefüllt sind.

F. Prüfung der Gesenkform.

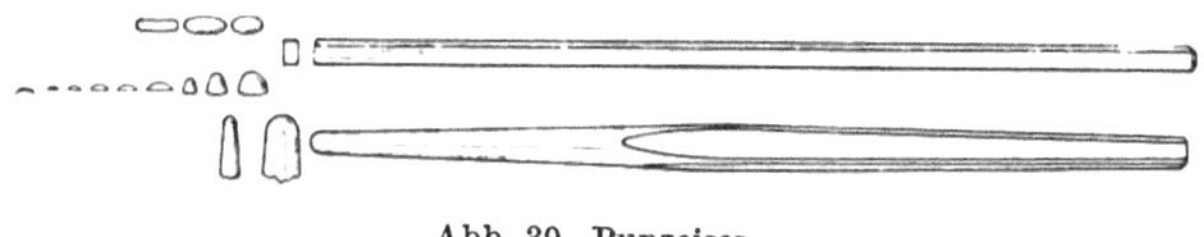

Abb. 39. Punzeisen.

Prüfung während der Arbeit. Sofern nicht selbsttätige Maschinen benutzt werden, muß der Gesenkmacher, während er arbeitet, dauernd die Hohlform mit Taster, Tiefenmaß und Schablone nachmessen. Taster und Tiefenmaß (Abb. 43) sind allgemeine Werkzeuge; die Schablonen müssen für jeden Fall besonders angefertigt werden, und zwar aus dünnem Blech ($\approx$ 0,3 mm dick). Ihre Form und Zahl hängt von der Gewohnheit und besonders der Geschicklichkeit des Fräsers ab.

Wird z. B. die (dick ausgezogene) Hälfte des Drehkörpers (Abb. 10 S. 13) in den Gesenkblock eingesenkt, so sind vor allem eine Anzahl von Querschnittschablonen nötig, Schablonen, die genau die Form verschiedener Querschnitte des Körpers haben — in diesem Fall Halbkreise. Die Stellen, denen sie zugehören, werden am Körper und gleichfalls auf der Gesenkoberfläche genau bezeichnet, hier, indem man feine Risse rechtwinklig zur Achse A—B bis an den

Abb. 40. Elektrische Handfeil-, -fräs-, -schleif-, -poliermaschine (Bauart Fein, Stuttgart).

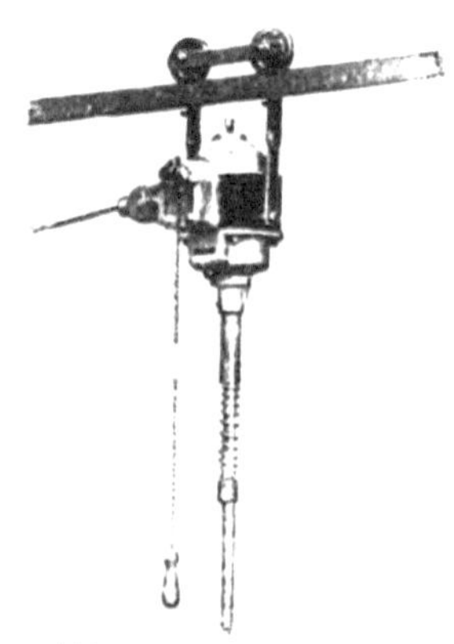

Abb. 41. Elektrische Feilmaschine (Bauart Fein, Stuttgart).

Gesenkrand zieht (Abb. 13 S. 14). In beiden Abbildungen sind diese Stellen durch die Zahlen 1 ... 7 gekennzeichnet. Die Schablonen selbst erhalten einen Anschlag

(Abb. 44), der ihnen die Bezeichnung „Brückenschablonen" eingetragen hat. Wird nun z. B. die Schablone 3 in die Hohlform gehalten (Abb. 13), genau rechtwinklig zur Oberfläche des Gesenkes und genau auf dem Riß 3, so müßte sie überall an der Wandung der Form anliegen. Berührt aber z. B. ihr tiefster Punkt nicht den tiefsten Punkt der Hohlform (Abb. 45), so ist diese zu tief ausgehoben, liegt die Schablone wohl im tiefsten Punkt an, aber mit den geraden Stegen nicht am Riß auf der Oberfläche, so ist die Hohlform nicht tief genug (Abb. 45). Nun ist es aber nicht immer leicht festzustellen, ob die Schablone richtig berührt. Deshalb fährt man bisweilen mit einer scharfen Reißnadel um die Schablone herum und macht einen Riß in der Hohlform, der der Lage der Scha-

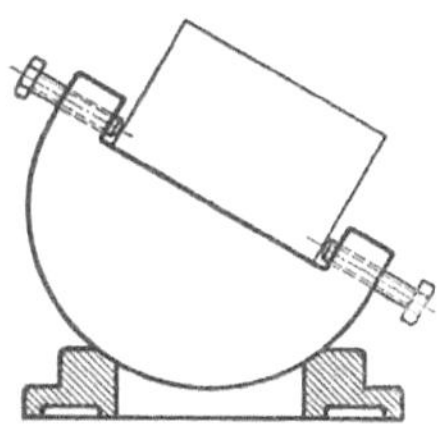

Abb. 42.
Kugelschraubstock.

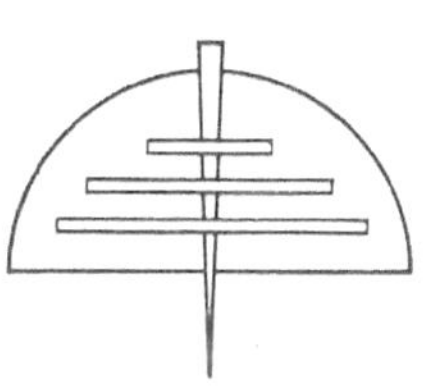

Abb. 43.
Tiefentaster aus Blech.

blone entspricht. Nun können wir statt der Halbkreisschablone eine Vollkreisschablone nehmen, die genau nach dem betreffenden Durchmesser gedreht ist. Diese Schablone färben wir ganz schwach an ihrem Rande mit etwas Mennige

Abb. 44. Brückenschablonen.

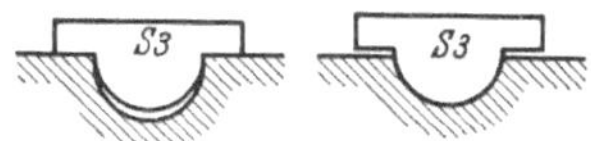

Abb. 45. Messen mit Schablone Abb. 44.

oder Tusche, stellen sie genau auf den Riß und drehen sie ein wenig hin und her. Auf dem Riß der Hohlfläche wird dann etwas von der Farbe sitzen bleiben und zwar an den Stellen, die mit dem Umfang der Schablone in Berührung kamen. Nun ist es leicht festzustellen, ob die Tuschfigur genau der vorgeschriebenen Form entspricht oder nicht (meist sieht der Gesenkfräser ohne Tuschieren bereits, ob die Schablone anliegt).

Längsschablonen sind nötig, um die richtige Entfernung der Stellen für die Querschablonen und den Verlauf der Form zwischen ihnen zu prüfen. Die wichtigste Längsschablone hat das Achsenprofil des Drehkörpers; sie wird auch als Brückenschablone ausgebildet. Setzt man sie genau auf den Riß $A—B$ der Achse und rechtwinklig zur Gesenkfläche, so mißt sie das tiefste Längsprofil der Hohlform. Ist dann der gerade Steg spitz zugeschärft, so kann man sie um den Achsenriß schwenken und so das Längsprofil der Hohlform an jeder Stelle messen. Statt dessen kann man auch weitere Längsschablonen anfertigen, die dann an

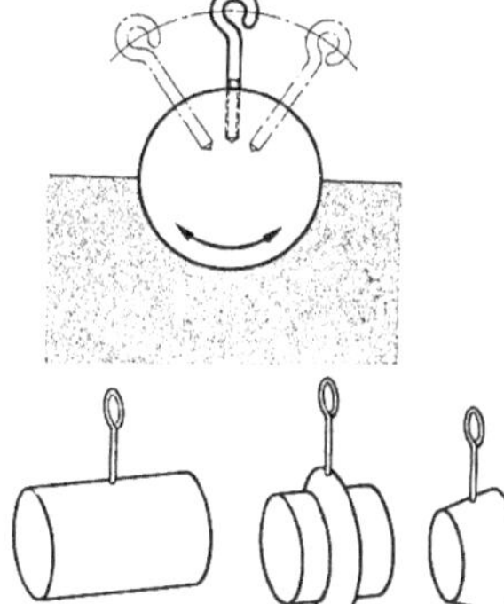

Abb. 46. Tuschierwerkzeuge
für Rundformen.

den entsprechenden Stellen der Hohlform parallel zum Achsenriß und rechtwinklig zur Gesenkfläche gehalten, die Profile messen. Hat man es nicht mit Drehkörpern zu tun oder — was sehr häufig ist — mit einem Drehkörper mit Ansätzen oder dgl., so müssen die Stellen für Schablonen sorgfältig ausgewählt werden.

Prüfen der fertigen Hohlform. Nach Beendigung der Arbeit muß die Hohlform nochmals im ganzen geprüft werden. Einfache Rundformen lassen sich bequem mit Tuschierwerkzeugen (Abb. 46) prüfen, genau dem Profil nachgedrehte und geschliffene Stahlkörper, die mit wenig Tusche oder Mennige eingeschmiert, im Gesenk hin- und hergerieben werden. Die Reibungsflecken im Gesenk geben die nachzuschabenden Stellen an.

Andere, besonders verwickelte Formen prüft man durch Eindrücken einer knetbaren Masse „Plastilina", die dann als Positiv ein Nachmessen der Richtigkeit der Form gestattet.

Nach endgültiger Fertigstellung der Gesenke wird gewöhnlich ein Gipsabguß der Hohlform bzw. ein Blei- oder Schwefelabguß genommen, um die Maße der ganzen Form nochmals mit denen der Zeichnung auf ihre Richtigkeit vergleichen zu können. Den Gipsabdruck macht man von jeder Gesenkhälfte (am besten mit Drahteinlage), den Blei- oder Schwefelabguß, teils von jeder Hälfte, teils aber auch von der ganzen Hohlform, also den zusammengesetzten Gesenkblöcken, die man in einen Bügel spannt (Abb. 47). Dabei setzt man vorher die Paßstifte ein, falls solche als Führung vorgesehen sind. Die Abgüsse schickt man dem Besteller des Schmiedestückes zur Maßkontrolle (Schwindmaß erwähnen!) und Genehmigung ein. Der Blei- oder Schwefelabguß der ganzen Hohlform läßt auch die richtige Achsendeckung erkennen. Etwaige Gratdicke ist zu berücksichtigen.

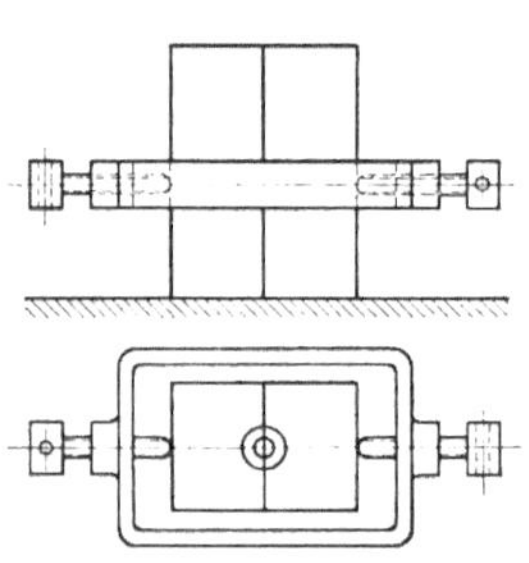

Abb. 47. Spannbügel zum Ausgießen der Form.

G. Endarbeiten.

Nachdem nun Maßhaltigkeit und richtige Achsendeckung festgestellt sind, werden die noch notwendigen Arbeiten, die mit der Gestaltung des Gesenkes zusammenhängen, ausgeführt. Es handelt sich hierbei um Anbringung der erforderlichen Gratflächen, Haltekörner zur richtigen Einlage beim Abgraten dünnerer Teile, Luftlöcher. Aushebernuten, Ausstoßer siehe Teil 1 (Heft 31). Alsdann schließt sich die Warmbehandlung an (siehe S. 45). Danach wird das Gesenk mit Schmirgelleinen ausgeschliffen.

Bisweilen werden Gesenke auf Hochglanz poliert und außerdem noch verchromt. Dadurch ergeben sich weniger leicht Risse und glattere Stücke.

Poliert wird häufig mit Fiberpolierscheiben oder Walroßlederkegeln unter Benutzung einer Mischung von Öl und Schmirgel feinster Körnung. Teilweise werden die Lederkegel mit Leim bestrichen und in Schmirgel getaucht. Für glatte Flächen benutzt man vorteilhaft kleine Pließ-(Polier-)scheiben aus Holz, mit Leder überzogen, ebenfalls mit Leim und Schmirgel bestrichen. Vorformgesenke brauchen im allgemeinen nicht so sauber ausgeführt zu werden wie Fertiggesenke.

H. Herstellung der Stahlgesenke durch Warmsenken (spanlose Formung).

Es hat sich vielfach durchaus als wirtschaftlich erwiesen, Gesenke, die dauernd in der gleichen Form gebraucht werden, anstatt durch Kopierfräsen, durch Warmeinpressen oder -schlagen zu erneuern. Ein solches Verfahren wird in Deutschland besonders in Solingen zur Herstellung der dort viel gebrauchten Flachgravuren der Messer, Scheren, Schlüssel, Zangen angewandt. Jedenfalls kann man auf diese Weise Vorform- wie auch Fertigformgesenke herstellen. Die Haltbarkeit solcher Gesenke ist bei Verwendung richtiger Stahlsorten sehr gut, zumal die Faser des Werkstoffes dabei nicht zerschnitten wird, sondern längs der gepreßten Form läuft. Dadurch wird die Form sehr verschleißfest, um so mehr, als zugleich auch die Oberfläche verdichtet wird.

Das Verfahren besteht darin, daß ein Stempel — je nach Örtlichkeit: Leiste, Kern, Punze, Pfaffe oder dgl. genannt —, der die positive Form einer Gesenkeinarbeitung besitzt, von oben mit Hammer oder Presse in den erwärmten Gesenkblock oder Gesenkeinsatz geschlagen oder gedrückt wird. Wenn man nicht mit einem Schlag oder Druck die Hohlform erzeugen kann, legt man, um Versetzen zu vermeiden, den Leisten, der einen Griff erhält, lose auf den Gesenkblock und schlägt darauf; andernfalls befestigt man ihn im Bär oder Stößel.

Beispiele. Der Leisten eines Schraubenschlüssels in Abb. 48 ist mit seiner Rückenbahn und einem Griff aus einem einzigen Stück gutem Werkzeugstahl hergestellt, und zwar in doppeltem Schwindmaß.

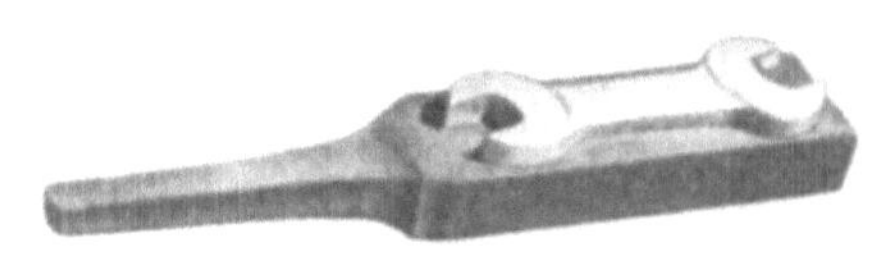

Abb. 48.
Schlagleisten eines Schraubenschlüssels mit Griff.

In Abb. 49 stellen die beiden oberen Stücke die beiden verschiedenartigen Leisten des Ober- und Untergesenkes für ein sogenanntes Wochenendbeil dar, die beiden unteren die Leisten des Ober- und Untergesenkes eines Hebels, zweifach ins Gesenk geschlagen.

Abb. 50 zeigt die Befestigung des Leistens an einer Platte, die ihrerseits am Stößel oder an einem Block, der in den Bären eingespannt ist, angeschraubt ist.

Abb. 51 zeigt das Warmsenken eines größeren Zylindergesenkes, wobei der Leisten an einer Platte mit seitlichen Grif-

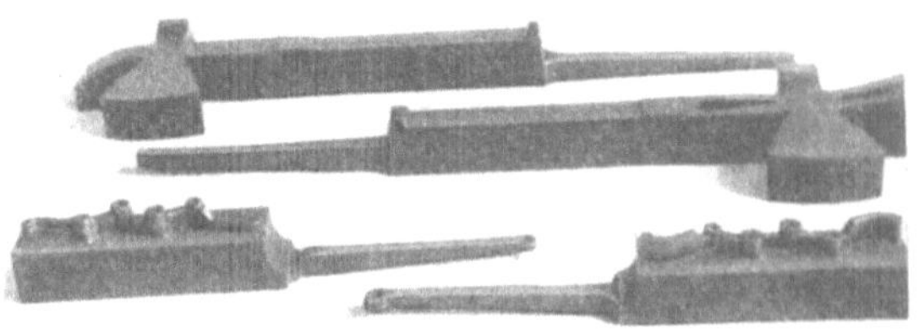

Abb. 49. Leisten für Wochenendbeil (oben) und Hebel (unten).

fen angeschraubt ist. Der Bär schlägt dann auf die Platte. Etwaige kleine Verschiebungen des Gesenkes sind bei dieser Einrichtung ohne Belang.

Der Leisten kann nur eine Gesenkhälfte herstellen und muß zu diesem Zweck höher ausgeführt werden als die Gravur tief ist, weil nach dem Einschlagen die Gesenkoberfläche abgehobelt werden muß. Der Grund liegt darin, daß sich beim Eindrücken die Umrißkanten des Gesenkes einziehen, d. i. abrunden; und um die eigentliche scharfe Gesenkform zu erhalten, muß dieser Teil entfernt werden. In Abb. 52 ist die Einschlagtiefe

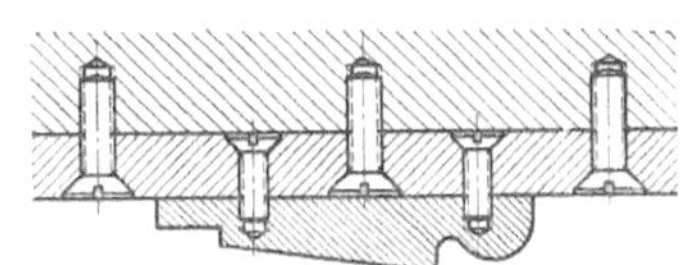

Abb. 50. Schlagleisten am Presseblock befestigt, dafür ohne Griff.

= Leistenhöhe = $h + h_1$. Das Übermaß h_1 muß abgehobelt werden, um die richtige Einarbeitungstiefe h zu bekommen. Man wählt h_1 für kleinere Teile = 2 ... 3 mm, für größere Teile = 3 ... 4 mm. Die Seitenneigung des Leistens wird sehr gering angenommen: etwa mit 1% für flachere Teile, etwas mehr für tiefere. Der Leisten wird auf das Genaueste bearbeitet, gehärtet, angelassen (braun bei C-Stahl von 0,9%) und poliert. Bei großen Gesenken macht man bisweilen die Leistenmaße 0,3 ... 0,5 mm kleiner, um im Gesenk noch Stoff zum Nacharbeiten durch Feilen und Schaben zu haben.

Behandlung der Gesenkblöcke. Der zu schlagende Gesenkblock wird zunächst nur oben und unten gehobelt und erst nach Festlegung der Achsen der eingeschlagenen Gesenkform weiter bearbeitet; denn das ist der Kernpunkt des Verfahrens: nach dem Einschlagen eine genaue Achsendeckung der Gesenkhälften zu bekommen. Kleinere Gesenke werden deshalb genau mittig in einen Gesenkhalter zum Warmsenken eingespannt (Abb. 53). Größere Gesenkblöcke befestigt man zum Einschlagen in einen Untersatz, der den Block möglichst bis zum Rande, durch beiderseitiges Verkeilen eingespannt, umfaßt, damit er seitlich nicht austreibt (Abb. 54). Tiefere Gesenke sollen an den tiefsten Stellen mit dem Fräser vorgearbeitet werden, um den Stoff möglichst mit einem Schlage oder wenig Schlägen verdrängen zu können.

Schließlich kennt man noch die Anordnung beim Warmsenken kleinerer Teile, daß man den Leisten, der vielleicht in einem Stahlring mit einer ausgearbeiteten Form besteht, auf dem Tisch der Presse befestigt, während im Stößel nur ein glattes Stahlstück eingespannt wird. In diesem Falle wird also der erwärmte Block in den Leisten

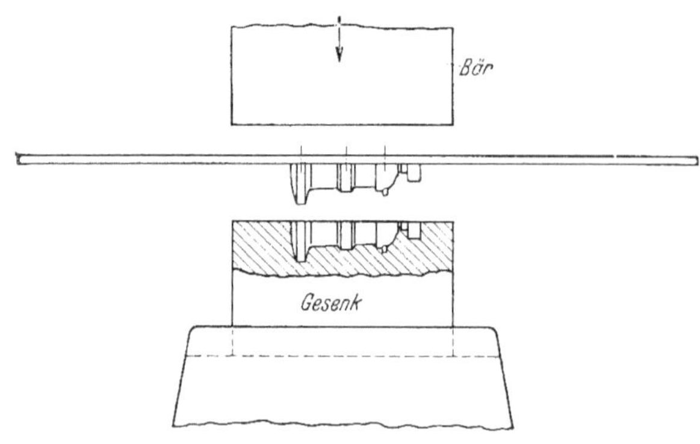

Abb. 51. Warmsenken mit an besonderer Platte befestigten Leisten.

eingepreßt. Das Gesenk muß nach dem Erwärmen schnell unter Hammer oder Presse gebracht und eingespannt werden. Durch Uhrglockenzeichen ist eine bestimmte Arbeitszeit vorzuschreiben (gleichmäßige Schrumpfung). Kalt ausprobieren und Anschläge zur sicheren und schnellen Durchführung der Einspannung vorsehen. Nach dem Warmsenken wird der Block durch Ausglühen entspannt und

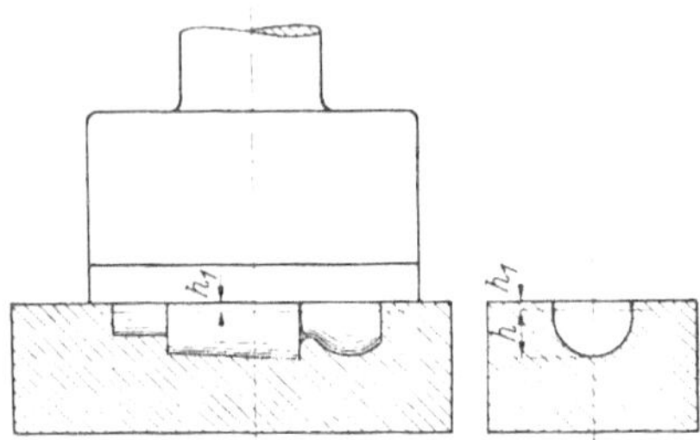

Abb. 52.   Leistenhöhe.

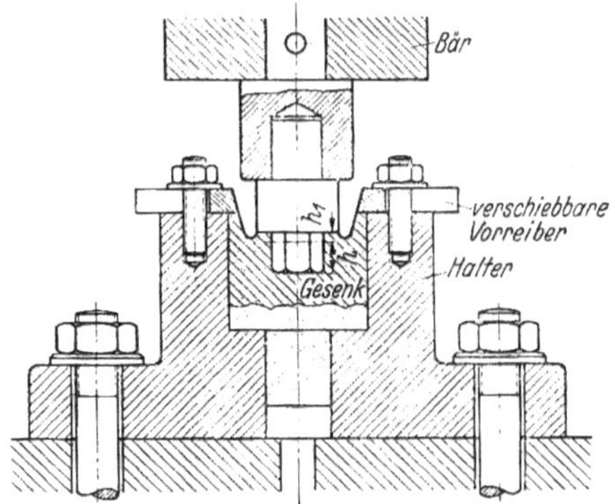

Abb. 53. Warmsenken eines Sechskantkopfgesenkes unter einer Spindelpresse von 220 mm Spindeldurchmesser.

dann gebeizt, zur Entfernung des Zunders. Dann wird die Gravurseite des Blocks auf die richtige Gesenktiefe abgehobelt. Nun sorgt man für richtige Achsendeckung der Gesenkhälften, zieht den Mittelriß, hobelt die Spannflächen bzw. Führungen, glättet die Formen mit Schmirgelleinen — wenn notwendig mit Schaber —, rundet sorgfältig mit dem Schaber die Kanten, härtet den Gesenkblock, läßt ihn an und poliert zu allerletzt die Gravur mit Schmirgelholz und Öl blank. Bei schwierigen Formen, Ecken, schmale Stellen, sind Luftlöcher im Leisten anzubringen, damit die Luft beim Einprägen entweichen kann und die Form sicher ausgefüllt wird.

Der Gesenkstahl. Nicht jeder Stahl eignet sich zum Warmsenken. Hochwertige

Stähle, wie Cr-Ni-Stähle, Cr-Wo-Stähle, die lufthärtend sind, müssen sofort nach dem Warmsenken außerordentlich vorsichtig unter Abschluß der freien Luft abgekühlt und anschließend ausgeglüht werden, da sie sonst zu hart werden. Meist werden solche hochwertige Stähle nicht warmgesenkt, sondern mechanisch bearbeitet. Man verwendet im allgemeinen nur C-Stähle und niedriglegierte Stähle.

Besondere Maßnahmen. Bei Herstellung von Gesenken gleicher Stücke ist sehr zu achten auf Verwendung gleichen Stahls und gleicher durchgreifender Erwärmung (750 ... 950°), um ein gleichmäßiges Schrumpfen und somit gleichmäßig genaue Gesenke zu erhalten. Weiter sorgt man dafür, daß vor und nach dem Warmsenken die Preßfläche zunderfrei bleibt — was unbedingt nötig ist, wenn die Gesenke nicht weiter bearbeitet werden. Vorher schleift man die zu pressende Blockfläche, um sie frei von Entkohlungen zu erhalten und deckt sie mit einem Blech zu; nach dem Warmsenken füllt man die Einpressung sofort mit Holzkohle oder Gußeisenspänen aus.

Lebensdauer. Die Leisten stellt man auch durch Warmsenken in einem Meistergesenk her,

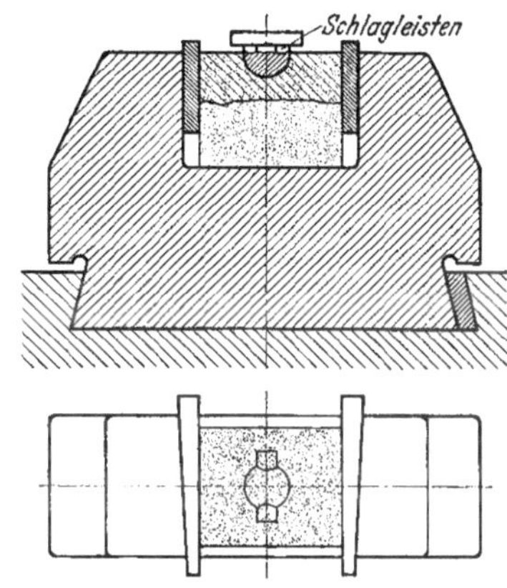

Abb. 54.
Warmsenken eines kantigen Blockes.

das im dreifachen Schwindmaß angefertigt werden muß. Ein solches kann mindestens 500 Leisten hergeben und jeder Leisten mindestens 200 Gesenke. Dazu die Schnelligkeit der Herstellung. Die Herstellung eines Autopleuelstangengesenkpaares nimmt 26 ... 30 h Zeit in Anspruch (1 Mann), wenn gefräst und 12 ... 15 min, wenn warmgesenkt wird (2 Mann). Die Lebensdauer schätzt man 25 % höher als bei gefrästen Gesenken.

I. Herstellung der Stahlgesenke durch Kaltsenken (spanlose Formung).

Es gibt schließlich noch die Möglichkeit, die Gesenkform durch Kaltsenken, also durch Einpressen eines Senkstempels in den kalten Gesenkblock, zu erzeugen.

Anwendung. Das Verfahren wird bei Herstellung von Gesenken für Münzen, Medaillen, Abzeichen und Schmucksachen seit langem angewandt. Hauptsächlich sind dies Flachgravuren. Eine solche ist in Abb. 55 abgebildet. Aber auch in der Kunstharz- und Gummiindustrie wird das Verfahren und hier auch für tiefere Gesenkformen, besonders bei Mehrfachgesenken (das gleiche Teil mehrfach eingraviert) benutzt.

Bedeutung der Stoffeigenschaften. Im allgemeinen stößt diese Herstellung von Warmgesenken für Schmiedestücke noch auf Schwierigkeiten. Das liegt darin begründet, daß die Gesenkstähle für die Verwendung zur Warmarbeit Zusatzstoffe erhalten, die die Festigkeit stark beeinflussen. Es gelingt daher zur Zeit kaum, höher legierte Gesenkstähle auf Festigkeiten unter 80 kg/mm² und normale wasserhärtende auf Festigkeiten unter 70 kg/mm² herabzuglühen.

Flache Gesenkformen für Schmiedestücke lassen sich aber in Gesenkstählen von etwa 60 ... 70 kg Naturhärte ohne Gefahr kalt einsenken. Wenn demnach zur Zeit das Verfahren für die eigentliche Gesenkschmiederei noch nicht in Frage kommt, so ist es doch außerordentlich lehrreich. Außerdem weiß man nicht, ob nicht in naher Zukunft Warmgesenkstähle entwickelt werden, die den Anforde-

rungen des Kaltsenkens entsprechen. Durch Kaltverformung werden Streckgrenze, Festigkeit und Härte erhöht, die Dehnung vermindert. Die Einschnürung,
die etwa ein Merkmal des für die Kaltsenkung so wichtigen Formänderungsver-
mögens, der Stoffverdrängung des Gesenkstahls, ist, erhöht sich bei geringen Ver-
formungsbeträgen, hört aber mit zunehmender Verfestigung auf. Der Form-
änderungswiderstand aber nimmt mit der Festigkeit des Gesenkstahles — die
schon geringe Zunahmen an Kohlenstoff und Legierungszusätzen erhöhen —,
ferner mit der Kaltverfestigung beim Einsenken zu.

Für Tiefeinsenkungen kommen daher zur Zeit nur unlegierte Einsatzstähle
mit geringer Festigkeit in Frage. Bei Verwendung von Chromnickeleinsatzstahl
muß in Stufen mit Zwischenglühungen gesenkt werden. Man fräst auch
bisweilen die Gesenkformen vor, um
nur kurze Kaltverformungswege zu
haben, z. B. bei Uhrdeckelmatrizen
(nur 0,5 mm).

Abb. 55. Kaltgesenkte Prägematrize eines
Abzeichens.

Abb. 56. Hydraulische Gesenkprägepresse
(Bauart Sack und Kiesselbach, Düsseldorf).

Wesentlich ist außer dem Formveränderungswiderstand auch die Reibung
zwischen Senkstempel und Gesenk. Kegelige Stempel benötigen bekanntlich
erheblich mehr Kraftaufwand als zylindrische, was auf die größere Reibung
zurückzuführen ist. Zur Verringerung der Reibung werden Senkstempel und
Gesenkoberfläche hochglanzpoliert, diese zur Schmierung durch Kupfervitriol
verkupfert und der Senkstempel mit einem dünnflüssigen wirksamen Schmiermittel, wie einem Gemisch von Rizinusöl und Graphit oder Schwefel, umgeben.
Das Hochglanzpolieren hat auch noch den Zweck, das Formänderungsvermögen
des Gesenkstahles voll auszunutzen; denn Drehrisse, kleine Oberflächenrisse
machen beim Kaltsenken das Gesenk schnell unbrauchbar. Daher beste Ober-
flächenbeschaffenheit Bedingung.

Das Formänderungsvermögen wird auch durch die Formänderungs-
geschwindigkeit beeinflußt. Zweckmäßige Senkgeschwindigkeiten sind 0,01
bis 0,1 mm/s. Bei höheren Geschwindigkeiten treten leicht Anrisse in den Senk-
flächen ein. Daher haben sich hydraulische Gesenkprägepressen, die genaue und
beliebige Senkgeschwindigkeiten geben, bewährt.

Prägepressen werden für Preßdrucke von 50 ... 3000 t gebaut; bis 1000 t mit

Handpumpe (Abb. 56), darüber mit Maschinenpreßpumpe. Die übliche Größe ist 500 t. Die Bedienung ist sehr einfach: Der Senkstempel wird lose auf den Gesenkblock gelegt. Zu beachten ist, daß mittig gepreßt wird. Bei einseitiger bzw. Kantenpressung besteht Bruchgefahr für den Stempel. Die Gesenkoberfläche wird zweckmäßig ballig ausgeführt, weil dadurch das Fließen der Gesenkform begünstigt wird. Es muß auch einige Millimeter tiefer eingesenkt werden, da die Kanten sich wie beim Warmsenken einziehen und die Gesenkform erst durch Nachhobeln scharfe Kanten und die richtige Tiefe erhält. Die hergestellten Werkzeuge zeichnen sich durch sehr glatte und harte Gesenkflächen aus. Der meist runde Gesenkblock wird zweckmäßig in einen Gesenkhalter eingesetzt. Die Gesenkwandungen macht man nicht zu dick. Man wünscht, daß ein genügender hoher Querdruck zwischen dem ins Gesenk eindringenden Senkstempel und dem Gesenkhalter entsteht, was das Formänderungsvermögen des Gesenkes erhöht. (Grundsatz des Ziehvorganges.)

Ausführung von Gesenk und Stempel. Die Höhe der Gesenke darf nicht zu niedrig gewählt werden. Die Bodenhöhe unter der Einsenkung darf nicht kleiner sein als $^2/_3$ des Senkstempeldurchmessers, mindestens aber 50 mm, damit keine Risse entstehen. Die Senkstempel müssen große Härte bis zum Kern haben, da sie bisweilen Drücke bis über 350 kg/mm² aufzunehmen haben. Eine Härte von 200 kg/mm² ist aber auf jeden Fall erforderlich. Außerdem müssen sie zäh sein. Man benutzt daher durchhärtende Stähle (siehe unter Werkstoff). Bei Herstellung der Senkstempel darf der Stahl nirgends entkohlen, andernfalls die Stempel fressen. Ferner sind sie mit breiter Auflage am Stempelfuß zu versehen (u. U. Schrumpfung, bei 200° aufgeschrumpft). Sie halten etwa 30 ... 60 Einsenkungen aus. Das Kaltsenken ist ein durchaus wirtschaftliches Verfahren: die Einrichtung ist nicht besonders kostspielig und eine Senkung nimmt mit allen Vorbereitungen nicht mehr als eine Viertelstunde in Anspruch.

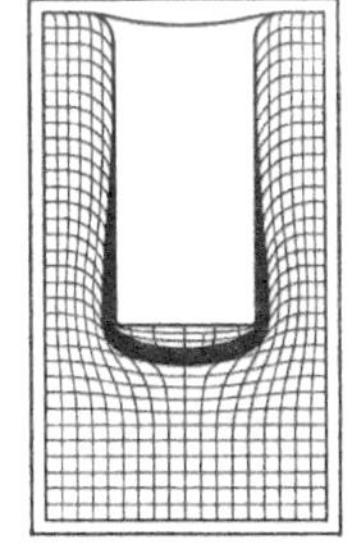

Abb. 57. Darstellung des Fließvorganges beim Kaltsenken nach S i e b e l.

Fließvorgänge. Die Notwendigkeit, beim Kaltpressen mit großer Sorgfalt und Überlegung zu arbeiten, ergibt sich aus der bildsamen Verformung des Werkstoffes und der damit verknüpften Änderung der Stoffeigenschaften. Ein einfaches und anschauliches Bild der Verformung erhält man nun durch den Versuch nach E. Siebel, indem man eine Bleimatrize in der Symmetrieachse der Gesenkform teilt und in die Teilflächen ein Koordinatennetz einritzt. Beim Senken in diesen Bleikörper gewinnt man an der Verschiebung des Koordinatennetzes einen sehr guten Einblick in die Fließvorgänge (Abb. 57), besonders, wenn man in verschiedenen Stufen in verschiedene Bleikörper einsenkt. Wo sich die Koordinaten am stärksten verschieben, entstehen die größten Spannungen. Man kann also Abhilfe schaffen, entweder durch Änderung der Gestalt des Schmiedestückes oder durch Änderung der Gesenkform, je nachdem man die Arbeit in einer oder in mehreren Stufen durchzuführen gedenkt.

K. Schnittplatten durch spangebende Formung hergestellt.

Anreißen. Besondere Zeichnungen für die Form des Schnitts werden nicht angefertigt, sondern man reißt die Figur auf der Schnittplatte sofort an, und zwar zum Warmabgraten in der Weise, daß man auf die sauber gehobelte und gefärbte Stahlplatte (wie bei den Gesenkblöcken) nach Einzeichnen der Mittellinie den halben Gipsabdruck der Gesenkform legt, auf dessen Teilfläche man ebenfalls die Mittellinie gezogen hat. Der Umriß wird dann mit der Reißnadel umfahren und angekörnert. Das ist ungenau. Besser ist Anreißen nach Schablonen. Man kann statt dessen auch die Gesenkzeichnung auflegen und den Umriß durchkörnern. Wesentlich ist, daß die richtige Form mit Schwindmaß aufgezeichnet wird.

Zum **Kaltabgraten** hobelt man ein Schmiedestück (Ausschuß) zur Hälfte ab, feilt den Umriß an der Teilfläche sauber und genau nach, prüft seine Maße und zieht auf der Teilfläche die Mittellinie. Dieses halbe Schmiedestück dient nun als Schablone für den Umriß. Man verfährt mit ihm wie oben mit dem Gipsabdruck.

Hobeln. Die Schnittplatten werden im Gegensatz zu den Gesenkblöcken allseitig gehobelt; doch kann es vorkommen, daß man bei größeren Platten die schmalen Stirnseiten, die nicht gespannt werden, unbearbeitet läßt. Wichtig ist, gut parallel und sauber zu hobeln. Der Span braucht nicht allzufein zu sein.

Geteilte Schnitte kann man in der Schnittform ohne weiteres fertig hobeln, zweckmäßig auf normalen Kurzhoblern.

Abb. 58. Schnittplattenfräsmaschine (Bauart Nube Offenbach).

Bohren. Zum Einlassen des Schaftfräsers, des Stoßstahles oder der Säge, bohrt man ein Loch am Umriß des Schnittes. Sonst ist das Ausbohren der Form als veraltet und unwirtschaftlich anzusehen, es sei denn, daß nur eine Bohrmaschine zur Verfügung steht. Zum Bohren verwendet man handelsübliche, nicht so schwere Maschinen.

Stoßen. Ausbohren und Ausstoßen der Schnittform waren die ursprünglichen Verfahren, um die Durchbrüche in den Platten herzustellen. Das Ausstoßen kann bei geteilten Schnitten oder bei besonderen Formen, z. B. einer sechskantigen Lochform, die ausgebohrt oder gedreht und anschließend ausgestoßen wird, durchaus vorteilhaft sein. Als Stoßmaschinen kommen nur schnellaufende Maschinen in Frage.

Drehen. Die Gesenkdrehbank wird auch zur Herstellung der runden Lochschnitte benutzt.

Fräsen. Die Schnittplatten werden auf Sondermaschinen ausgefräst (Abb. 58). Der für die Schnittbearbeitung meist kegelige Schaftfräser wird von unten angetrieben. Der Rundtisch ist zum bequemen Einspannen der Schnittplatten eingerichtet. Bei leichteren Maschinen fehlt der Gegenhalter. In kleineren Betrieben hat man wohl eine vereinigte Gesenk- und Schnittfräsmaschine, die auch für alle anderen Fräsarbeiten geeignet ist. Die Ecken der Schnitte werden durch das Ausfräsen nicht scharf. Deshalb beachte man, daß die Ecken gut unterschnitten werden, damit man sie nachträglich leicht ausfeilen kann.

Sägen. Neuerdings setzt sich das Aussägen der Schnittplatten mehr und mehr durch. Wandte man anfänglich mehr die Hubsäge (hin- und hergehende Bewegung) an — welche Maschine man auch als Feilmaschine zum Ausfeilen von Schnitten ausgebildet hat, mit der man ungelernten Leuten das Feilen schwieriger Formen ermöglichte —, so ist man jetzt zum sehr wirtschaftlichen Bandsägen übergegangen.

Während kleinere Betriebe wohl eine Maschine benutzen, die Feilmaschine, Hub- und Bandsäge in sich vereinigt, stellt Abb. 59 eine für größere Betriebe geeignete Stahlbandsäge dar. Sie ist in ihrer Bedienung sehr einfach: In die Schnittplatte wird ein Loch gebohrt, und die Bandsäge, die je nach Größe des Schnittes 4 ... 20 mm breit ist, wird eingeführt und in dem zur Maschine gehörigen elektrischen Lötapparat in wenigen Minuten zusammengelötet und nachgefeilt. Das Aussägen nach dem Anriß wird durch einen Gewichtsvorschub sehr erleichtert. Nach Vollendung des Schnittes wird das Bandsägeblatt mit einer Sonderzange gebrochen und der fertiggesägte Schnitt herausgenommen. Der Schnitt kann senkrecht oder bis 15° geneigt ausgeführt werden; er benötigt nur wenig Nacharbeit. Bei Ausführung nach Abb. 60/61 muß man 2 Rißlinien a und b ziehen. a ist die Rißlinie für das geneigte Sägen, b die Rißlinie für das nachträgliche senkrechte Feilen oder Sägen. Das ausgesägte Stahlstück kann als Stempel verwendet werden. Bei symmetrischen Teilen legt man beim geneigten Schnitt die breite Seite des Abfallstückes für den Stempel nach unten und hat nur noch wenig Nacharbeit am Umriß nötig (Abb. 60 und 61). Bei unsymmetrischen Schmiedestücken muß man beim geneigten Schnitt die schmale Seite etwas anstauchen, gleichfalls bei allen Teilen mit senkrechtem Schnitt.

Fertigstellen der Schnitte. Nach dem Härten werden die Maße der Schnittplatte geprüft. Durch Nachschleifen oder Ausglühen und Nachstemmen kann man die stumpfen Schnitte wieder brauchbar machen. Glatte Schnittoberflächen werden auf Flächenschleifmaschinen geschliffen, unebene von Hand, um scharfe Schneidkanten zu erhalten.

Abb. 59. Stahlbandsäge
(Bauart Mössner, Schwäbisch-Gemünd).

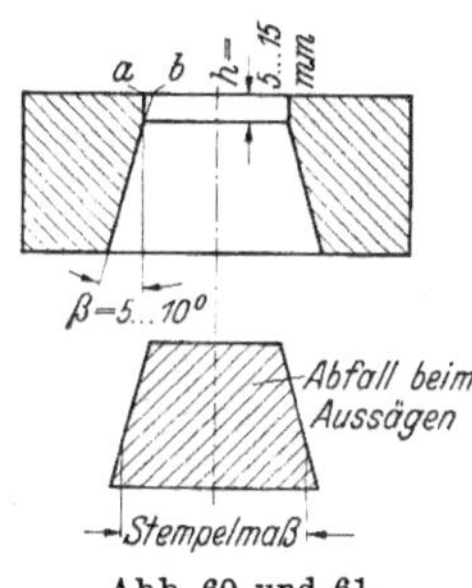

Abb. 60 und 61.
Sägenschnitt.

L. Schnittplatten durch spanlose Formung hergestellt.

Brennschneiden. Schnittplatten, Schablonen u. dgl. werden auch auf Brennschneidmaschinen (Abb. 62) ausgebrannt. Beim Brennschneiden muß man etwa

2 mm vom Anriß wegbleiben. Diese Bearbeitungszugabe ist erforderlich wegen der Toleranz beim Brennschneiden und in Hinsicht auf die Randentkohlung. Sehr hochwertige Stähle schneidet man nicht autogen, um der Gefahr der Spannungsrisse zu entgehen. Wenngleich das Brennschneiden sehr rasch von statten geht, so braucht das nachfolgende Fräsen und Feilen noch gewisse Zeit. Man kennt beim Brennschneiden 1. das Zeichnungskopierverfahren, 2. das Schablonenkopierverfahren, je nachdem man den Führungsstift auf einer auf billigem Schablonenpapier angefertigten Zeichnung laufen läßt oder in Führungsschablonen.

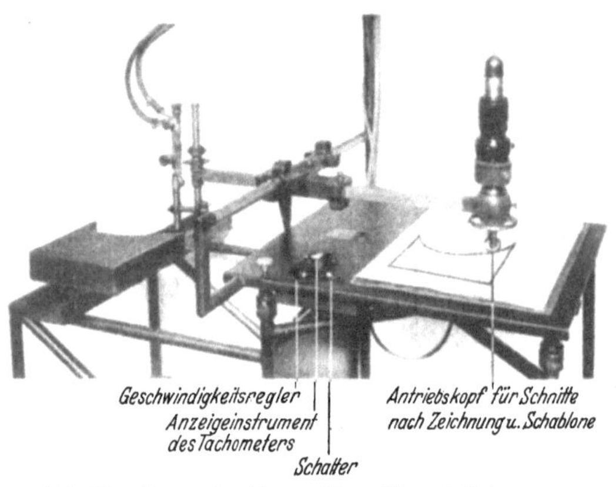

Abb. 62. Brennschneidemaschine (Bauart Griesogen, Frankfurt a. M.-Griesheim).

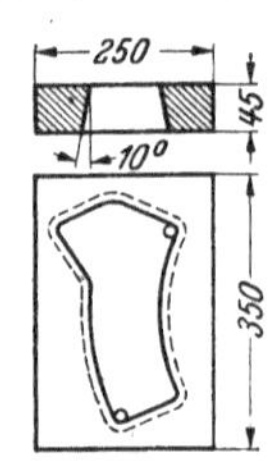

Abb. 63. Ausfräsen einer Schnittfigur. Schräge des Loches 10°.

Für das Brennschneiden von Schnittplatten empfehlen sich Leuchtgas-Sauerstoffbrenner, die das geschnittene Werkstoffgefüge schonen und das Nachhärten bei legierten Stählen vermeiden.

Warmsenken. Außer dem bereits erwähnten Warmsenken von Hammer- und Preßgesenken und Meistergesenken für Leisten ist es auch möglich, Schnittplatten in ähnlicher Weise wie Gesenke warmzusenken. Hier ist besonders auf gute Einspannung der Platten zu achten. Die gesenkte Schnittform wird so maßhaltig, daß nur geringe Nacharbeit mit der Feile nötig ist. Das Verfahren wird in USA angewandt. Es soll dadurch wie bei Gesenken eine 25%ige höhere Lebensdauer erreicht werden als beim Ausschneiden. Die Herstellung geht schnell. Für einen Schnitt, der etwa 18 h Arbeitszeit durch Ausfräsen benötigt, braucht man höchstens 18 min durch Warmsenken, was sich bei immer sich wiederholenden Arbeiten sehr wirtschaftlich auswirkt.

Vergleich der verschiedenen Herstellungsverfahren für Schnittplatten. Für die Schnittplatte Abb. 63 ist ein Leistungsvergleich für die verschiedenen Herstellungsverfahren des Durchbruches aufgestellt. (Siehe S. 35.)

Abb. 64. Stempelhobelmaschine (Bauart Gebr. Thiel, Ruhla).

Die Nachfeilzeit von Hand läßt sich also bei Verwendung von elektrischen Handfräs- bzw. -schleifmaschinen (siehe Abb. 40 und 41) nicht unerheblich abkürzen.

	Maschinenzeit etwa min	Feilen nach Maschinen-bearbeitung		Abfall als Stempel verwendbar
		von Hand etwa min	mit Maschine etwa min	
Ausbohren und Meißeln	960	420	200	nein
Stoßen	570	240	120	nein
Hubsägen	450	240	120	ja
Fräsen	360	240	120	nein
Bandsägen	180	240	120	ja
Brennschneiden mit Nachfräsen .	10 und 200	240	120	nein
Warmsenken mit Nachhobeln . .	15 und 180	120	60	nein

M. Stempel durch spangebende Formung hergestellt.

Stempel werden meist gedreht oder aus dem Vollen teils gehobelt (auf Kurz-hoblern), teils gefräst. Die Bandsäge läßt sich aber auch hier sehr wirtschaftlich verwenden. Man kennt aber auch Sondermaschinen. Abb. 64 zeigt Werkstück und Werkzeug einer Stempelhobelmaschine, die wie ein senkrechter Kurz-hobler arbeitet, aber besonders auch Stempel mit verstärktem Fuß hobelt (Kurvenhobeln). Auch Schlagleisten können auf dieser Maschine hergestellt werden. Die genaue Anlage des Stempels am Werkstück erreicht man durch Einpassen des Gipsabdruckes, besser einer Schablone, beim Warmabgraten bzw. des Schmiedestückes beim Kaltabgraten.

N. Herstellungsgenauigkeit der Werkzeuge.

Die Maßhaltigkeit der Werkzeuge, die mit Handvorschub vorgefräst und von Hand fertiggestellt sind, kann man für gute Arbeit mit $\pm$ 0,1 mm Toleranz annehmen. Dieses Maß kann sich aber durch Verziehen beim Härten und unge-naueres Arbeiten leicht aufs Doppelte vergrößern.

Die Maßabweichung von warmgesenkten Formen beträgt ebenfalls $\pm$ 0,1 mm. Beim Fräsen von Gesenken auf selbsttätigen Gravurmaschinen und beim Hobeln auf Stempelhobelmaschinen in ganz tadellosem Zustande ist eine Maß-genauigkeit von etwa $\pm$ 0,05 mm zu erzielen. Der Genauigkeit beim Ausfräsen wird heute oft noch nicht die Bedeutung beigelegt, die sie eigentlich besitzt, denn sie erspart in erheblichem Maß die weitere teure Handarbeit des Gesenk-schlossers oder Graveurs.

VI. Die Befestigung der Schmiedewerkzeuge.
A. Die Befestigung der Gesenke.

Die Gesenke werden entweder unmittelbar am Bär bzw. Stößel und Hammer-untersatz bzw. Pressetisch oder in einem Gesenkhalter befestigt, und zwar durch Verschrauben oder Verkeilen.

1. Befestigung durch Schrauben. Sie bietet den Vorteil leichter Verstellung und ist deshalb dort vorzusehen, wo die Bärführung weniger genau und starr ist, z. B. bei den Riemen- und Seilfallhämmern. Abb. 65 zeigt die Gesenkbefestigung mit 4 Schrauben, die, in Kloben am Hammer sitzend, 2 Bügel gegen den Gesenk-block drücken. Zwischen Bügel und Gesenkblock legt der Schmied, soweit erforderlich, Zwischenlagen. Bei einer anderen Art der Gesenkbefestigung, die in England sehr gebräuchlich ist, werden 4 oder auch 6 Schrauben schräg von oben auf die 4 abgeschrägten Kanten bzw. Flächen des unteren Gesenkblockes ge-drückt, wie in Abb. 66 ersichtlich. Bei den Schmiedepressen, bei denen die geringe

Stößelgeschwindigkeit keine so starken Stöße hervorruft, werden die Gesenkblöcke durch Schrauben und Spannklauen befestigt (Abb. 67 und 68).

Am üblichsten sind bei Pressen die Spanneisen nach Abb. 67 *I*, weil sie aus Vierkantstahl einfach gebogen werden. Die obere und untere Fläche sollten stets parallel gehobelt sein, wenn auch grob. Ebenso die Unterlagen *U*. Von den Unterlagen

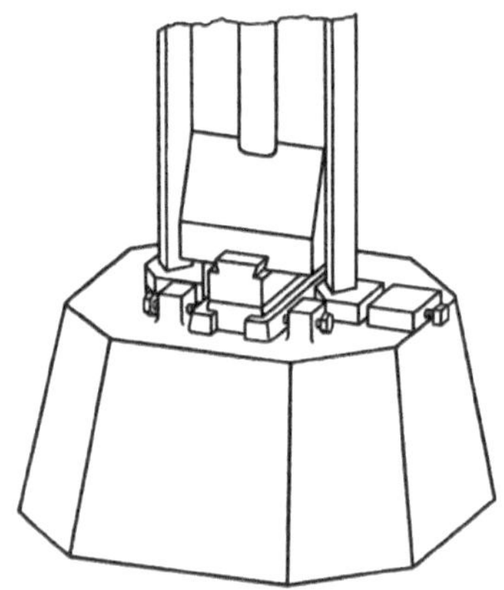

Abb. 65. Gesenkbefestigung durch Schrauben mittelst Klemmbügel.

Abb. 66. Befestigung des Gesenkblockes durch 4 ... 6 schräge Schrauben.

gestatten die Treppenböckchen (*U, u* Abb. 68) am sichersten, jede Höhe *H* einzustellen. Spannklauen nach Abb. 69 sind nur für geringe Höhen.

Bei Verwendung des Spanneisens ist immer die Spannschraube möglichst nahe an das Werkstück zu rücken und die Entfernung bis zur Unterlage möglichst groß zu machen, weil der Spanndruck

$$P = \frac{Q \cdot l}{L} \qquad \text{(Abb. 70)}$$

bei demselben Q um so größer ist, je größer l oder je kleiner L ist.

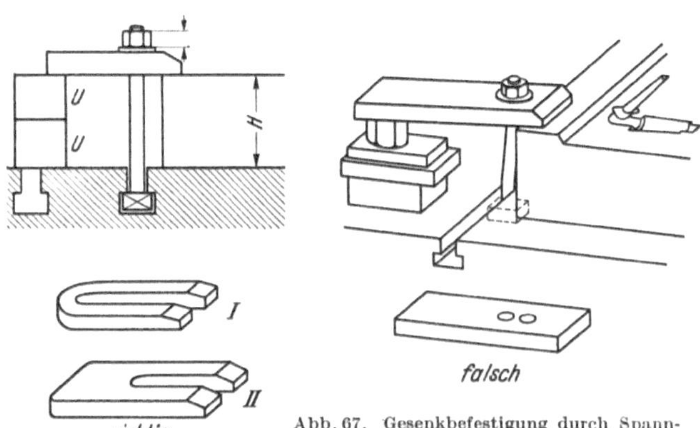

Abb. 67. Gesenkbefestigung durch Spanneisen mit Böckchen.

Soweit man Gesenkunterteile verschraubt, besitzen die Hammeruntersätze keine Nut, sondern eine glatte Grundplatte, auf der der Block ruht und durch die Bügel festgehalten wird. Ebensowenig brauchen solche Blöcke eine Schwalbe, höchstens müssen sie manchmal den Bügelmaßen, um angeklemmt werden zu können, durch Abhobeln an den Seiten angepaßt werden.

2. Befestigung durch Keile. Es ist zweifellos, daß das Verkeilen eine größere Standsicherheit verleiht als Verschrauben. Neuzeitliche Hämmer zeigen daher meist nur noch Keilbefestigung, während bei Pressen Keilen und Verschrauben oft vereint vorkommen. Das Gesenkoberteil wird beim Hammer stets verkeilt, vielfach auch bei Pressen, es sei denn, das Oberteil besteht nur aus einem Dorn, den man meist in einen Dornhalter einklemmt. Der Dornhalter wird dann an den Stößel angeschraubt. Die Gesenke werden in Nuten oder Schwalben verkeilt. Im Falle der Nuten werden die Blöcke an den Spannflächen glatt und rechtwinklig zur Auflagefläche gehobelt. Die Nut im Bär oder Hammeruntersatz ist ebenfalls gerade und winkelrecht zur Auflagefläche (Abb. 71 *V*). Diese Befestigung ist für kleine und mittelgroße Gesenke zulässig. Neuerdings geht man aber immer mehr zur Befestigung mit Keil in Schwalbe — also schrägen Spannflächen — über. Zweifellos sind die Schwalben die richtige, technische Anordnung in bezug auf Unfallverhütung. Man verkeilt nun nach verschiedenen Verfahren:

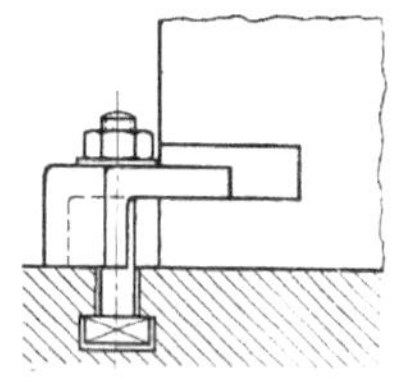
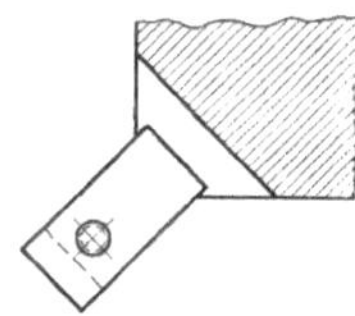

a) Mit einem Keil (Abb. 71 *I*), der einseitig den Block festklemmt. Die Verstellung ist in diesem Fall schwierig, nur möglich durch Einlage von Parallelstücken auf der anderen Schwalbenseite (*I b*). Man wendet die Einkeilbefestigung für einen Block

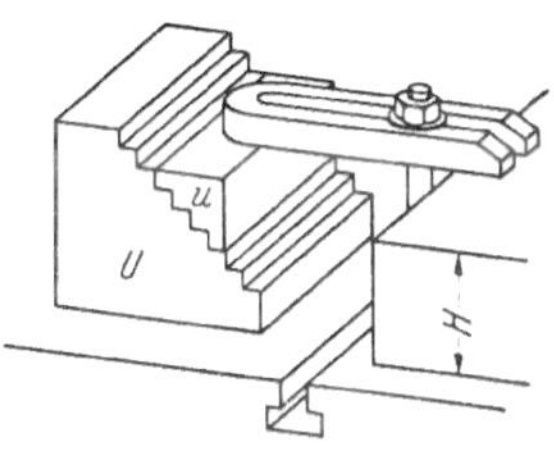

Abb. 68. Treppenböckchen mit Gegenauflage und normalem Spanneisen aus Stahl.

Abb. 69. Eckbefestigung des Gesenkes durch Spannklaue ohne Böckchen.

an, wenn er nicht verstellt zu werden braucht, besonders beim Einsetzen der Blöcke im Hammerbär oder Pressestößel. Oft klemmt man zwischen Keil und Gesenkblock eine sogenannte „Feder", das ist ein Bandstahlstreifen von 1,5 ... 2 mm Dicke (*I*), was die Keilhaftung erhöht.

b) Mit 2 Keilen, entweder in der Form eines einseitigen Doppelkeiles (*II*) oder 2 einzelner Keile, je einer an jeder Seite (*III*). Ausführung *II* dient gleichen Zwecken wie *I*, hat aber den Vorteil, daß die Keilflächen an ihren Außenseiten parallel laufen, während man bei *I* zwischen Keil und Gesenkblock wegen des Keilanzugs einen kleinen Spalt erhält, also ungenaue Anlage des Keiles, es sei denn, daß man der Gesenkblockschwalbe die Schräge des Keilanzuges gibt. Bei Anordnung der Keile nach *III* ist die Verstellung leichter. Auch hierbei ist der Keilanzug zu beachten. Wenn Ober- und Unterteil in gleicher Weise verkeilt werden, dann stellen sie sich gleichmäßig ein und die schräge Lage *III a* ist belanglos für die Achsendeckung der Blöcke. Der einzuschlagende Keil muß dann oben rechts und unten links sitzen. Durch Schräghobeln der

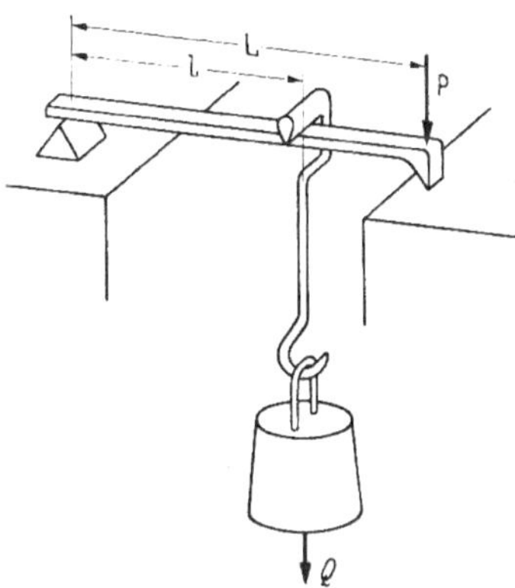

Abb. 70. Hebelgesetz des Spanneisens.

Gesenkblockschwalben um den Keilanzug kann die rechtwinklige Anordnung wieder hergestellt werden (*III b*).

Die Schwalben in den Maschinenteilen und Haltern werden im allgemeinen parallel und rechtwinklig ausgeführt, etwaige Keilschrägen an den Schwalben kommen daher stets in die Blöcke. An und für sich wäre es bequemer, die Keilschräge in das Maschinenteil zu legen und am Werkzeug lediglich parallele Flächen anzuhobeln. Der Keilanzug beträgt etwa 0,5 ... 1° oder 0,5 ... 1 mm auf je 100 mm Keillänge und soll bei allen Keilen bzw. Schwalben gleich sein, damit Keile auf Vorrat angefertigt werden können. Bei der Befestigung nach *IV* haben die Gesenke keine Schwalben, sondern nur gerade Flächen. Diese Ausführung hat den Zweck, Werkstoff dadurch zu sparen, daß in die Unterseite des Gesenkes nochmals eine Form eingearbeitet werden kann. Bei kleinen Gesenken mit flachen Gravuren ist das praktisch, wenn es sich um hochwertigen Werkstoff handelt, bei Gesenken mit tiefen Gravuren verbietet es sich von selbst. Einen Vorteil hat Ausführung *IV* mit *V* vor allen anderen Befestigungsarten voraus: die ganze Blockfläche erleidet die Hammerpressung, während bei Gesenken mit Schwalbe nur der Schwalbengrund gepreßt wird, die überragenden seitlichen Teile des Gesenkes aber beim Schlag Biegungsspannungen erleiden können, sobald sie nicht fest am Bär liegen — was meist der Fall ist. Einen Zapfen oder eine Leiste an der Schwalbe, die in eine entsprechende Vertiefung im Bär genau paßt (*VII*), verhindert jede Längs- und Seitenverschiebung des Gesenkes im Hammer. Der Zweck dieser Ausführung, gleich beim Einsetzen der Gesenke vollkommene Achsendeckung zu erreichen, kann auf diese Weise jedoch nur bei äußerst genauer Bärführung erreicht werden. Man findet solche Ausführung der Schwalben mit Zapfen bei Pressen; bei Lufthämmern werden Querleisten vor-

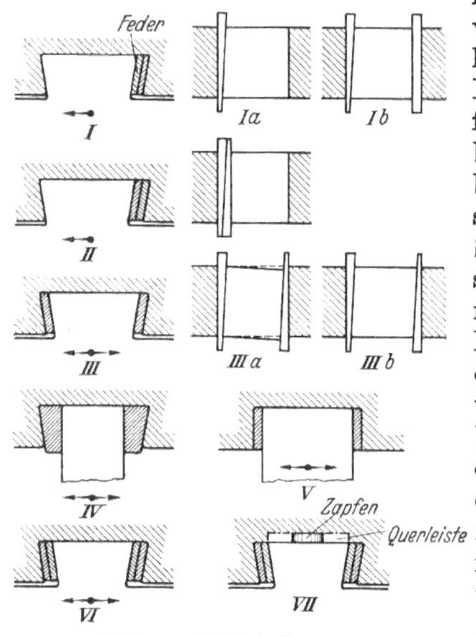

Abb. 71. Keilbefestigungen.

gezogen, um ein Verschieben zu verhindern. Bei den Gesenkschmiedehämmern muß man aber öfter die Gesenke nach vor- und rückwärts stellen können, um den richtigen Schlagmittelpunkt einzustellen, andernfalls die Gesenkblöcke anfangen zu „wandern", oder die Schmiedestücke ungleichmäßige Dicke erhalten.

c) **Mit 4 Keilen.** Theoretisch richtig ist die Anwendung von je einem Doppelkeil auf jeder Seite (*VI*).

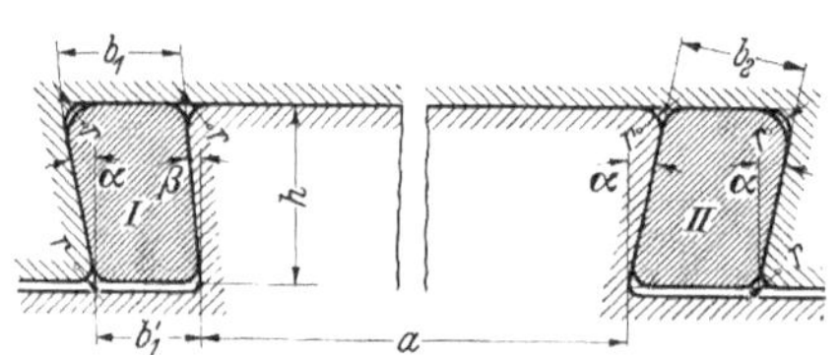

Abb. 72. Schwalbenmaße.

Bärgewichte kg	Blöcke im Quadrat bis mm	a mm	h mm	r mm
bis 300	150	100	40	4
300 … 600	200	150	40	4
600 … 1200	250	200	40	4
1200 … 1800	300	250	60	6
1800 … 2500	350	300	60	6
2500 … 3500	400	350	80	8
3500 … 5000	450	400	80	8

d) **Vereinheitlichung der Schwalben.** Trotz verschiedener Versuche und trotz der großen Bedeutung ist es bislang noch nicht zu einer Normung der Schwalbenmaße gekommen. Die Maschinenfabriken besitzen ihre eigenen Maße, die meist noch von den Wünschen der Besteller abhängig sind. Als Anhaltspunkt seien beistehende mittlere Schwalbenmaße angegeben (Abb. 72):

Man stellt nun nach *II* die Keilflächen parallel (Keilbreite b_2) oder nach *I* schräg zueinander (Keilbreite b_1/b_1'). Ausführung *I* hat den Vorteil, beim Verkeilen den Block in den Bär hineinzuziehen, durch Wirkung einer kleinen Teilkraft des Keiles. Man wendet diese Ausführung besonders für schwere Gesenke an.

Der Keilwinkel α beträgt etwa 10 ... 15°, der Keilwinkel β etwa 6 ... 12°. Die kleineren Winkel gelten für kleine Abmessungen. Die normalen Keilbreiten b für kleinere Gesenke sind etwa 30 mm und für größere etwa 40 ... 50 *mm*. Die Schwalben müssen in den Ecken gut abgerundet sein (siehe Tabelle Maß r, Abb 72).

e) **Auf- und Anlage.** Für Blöcke mit schmalen Schwalben wird die Ausführung I (Abb. 73) gewählt: die Blockfläche liegt breit auf. Bei breiten und hohen Blöcken wird die Ausführung II vorgezogen: das freie Überkragen soll gering sein, dann ist eine Bruchgefahr durch Biegespannungen kaum vorhanden. Maß z (Abb. 73) für kleinere Gesenke mindestens 3 mm, für größere 6 mm.

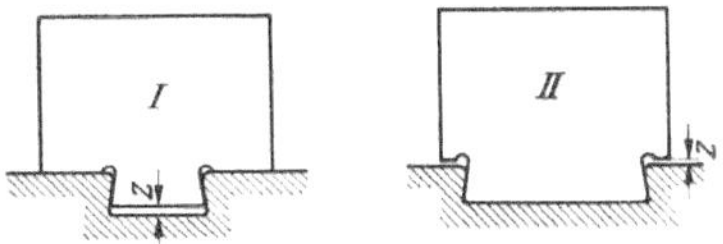

Abb. 73. Gesenkblockauflage.

B. Die Befestigung der Gesenkhalter.

Die Gesenkhalter haben verschiedene Aufgaben zu erfüllen. Sie dienen:

Als Träger von Einsatzgesenken. Die Halter sind dann Stahlblöcke einfacher Güte, in die Gesenke aus hochwertigem Stahl in möglichst kleinen Abmessungen eingesetzt werden, Abb. 74. Das Gesenk G ist in den Halter H eingeschrumpft. Es kann ziemlich dünnwandig, 25 ... 30 mm, gehalten werden, weil die Pressung durch den

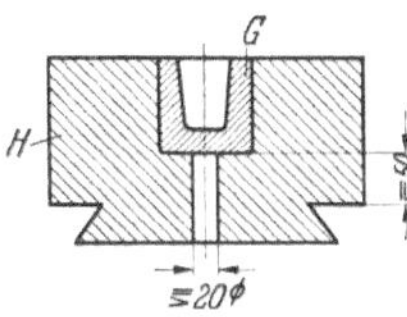

Abb. 74. Gesenkhalter mit rundem Einsatz.

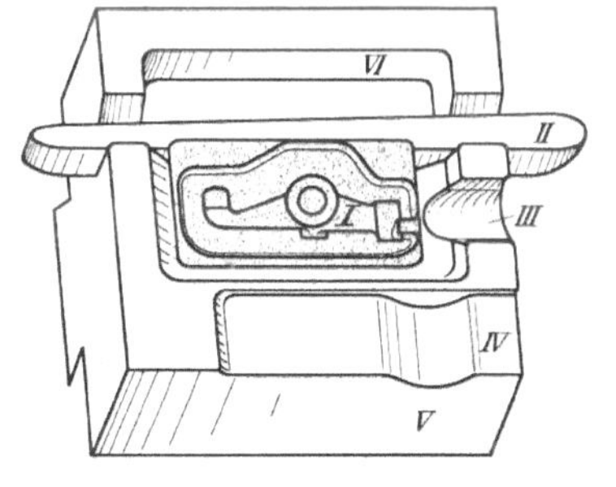

Abb. 75.
I Einsatzgesenk, II Keil, III Einlegestelle für Stange, IV Recksattel, V Gesenkhalter.

Halter ihm zugute kommt. Man macht seinen Durchmesser um 0,08 ... 0,1 mm größer als die Halterbohrung. Beim Einpressen muß der Gesenkhalter vorgewärmt werden. Der Boden des Halters darf nicht zu schwach sein, mindestens 50 mm bei kleinen Gesenken, weil er sonst leicht ausreißt. Der Boden erhält ein Loch von mindestens 20 mm ⌀ zum Herausschlagen des abgenutzten Gesenks. Statt runde kommen auch kantige Einsatzgesenke vor; sie müssen im Halter verkeilt werden, Abb. 75. Die Abbildung stellt ein amerikanisches Einsatzgesenk für Stangenarbeit dar, in dem 40 000 Kipphebel geschmiedet wurden. Der Gesenkhalter ist außerdem als Recksattel ausgebildet.

Zur Befestigung kleinerer Gesenke, sofern die Schwalbe im Hammeruntersatz oder Tisch für das Einspannen größerer Gesenke eingerichtet ist. Man macht den Halter für diesen Zweck so breit, wie es die seitlichen Hammer- oder Pressenführungen zulassen, Abb. 76.

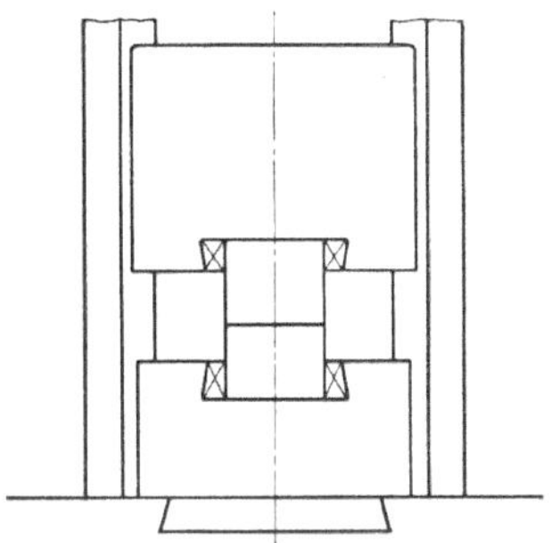

Abb. 76. Gesenkhalter i m. Stangenhammer.

Die Keilwinkel α' und β' (Abb. 77) wählt man kleiner als α und β (siehe oben), etwa $\alpha' = 5°$ und $\beta' = 1,5°$, damit im ungünstigsten Falle nur das Gesenk selbst, nicht auch der Gesenkhalter mit hochgerissen wird.

Abb. 78 ... 80 geben einige Beispiele von Gesenkhaltern an Schmiedepressen.

Dorne für Hohlkörper werden unterschiedlich ausgeführt und festgespannt, je nachdem sie zum Schlagen oder Pressen benutzt werden. Der Winkel α wird

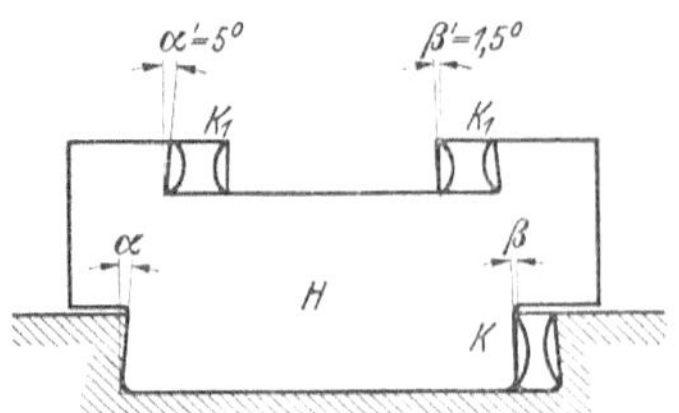

Abb. 77.

H Gesenkhalter, *K* Keil für Gesenkhalter, K_1 Keile für Gesenkblock.

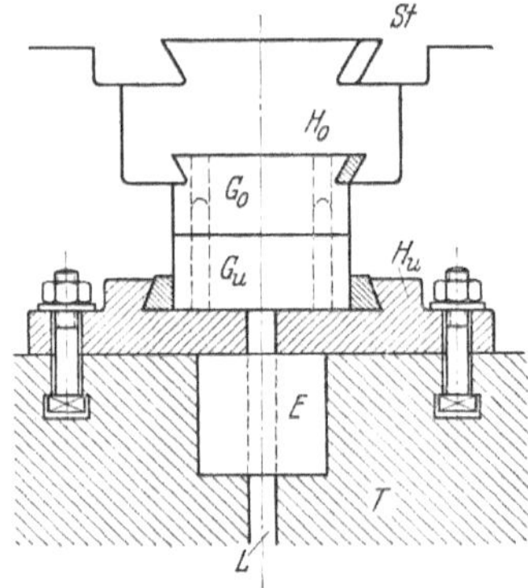

Abb. 78. Gesenkanordnung für **kantige** Blöcke mit oberem und unterem
Halter für Schmiedepressen.

St Preßstößel, H_o oberer Gesenkhalter, H_u unterer Gesenkhalter, G_o
oberes Gesenk, G_u unteres Gesenk,
E Einsatz, *T* Preßtisch, *L* Loch zum
Ausstoßen.

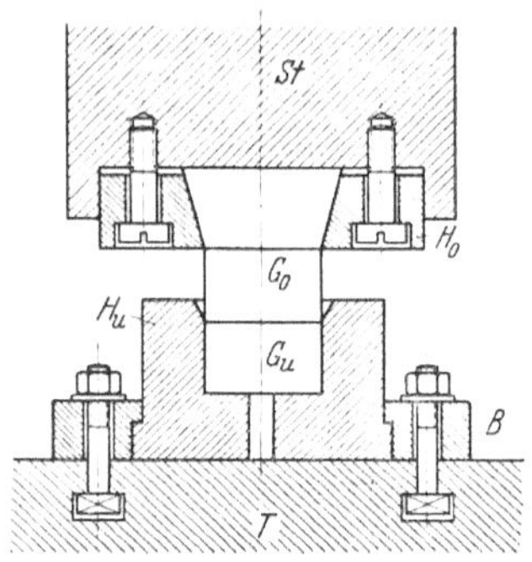

Abb. 79. Befestigung des Ober- und
Untergesenkes unter Schmiedepresse
durch Brillen (Halteringe).

St Preßstößel, H_o oberer Gesenkhalter, H_u unterer Gesenkhalter,
G_o oberes Gesenk, G_u unteres Gesenk,
B Brille, *T* Preßtisch.

Abb. 81 ... 83.

H_o = oberer Halter
H_u = unterer Halter
St = Preßstößel
T = Preßtisch
D = Dorn
K = Keil
M = Mutter
A = Abstreifer.

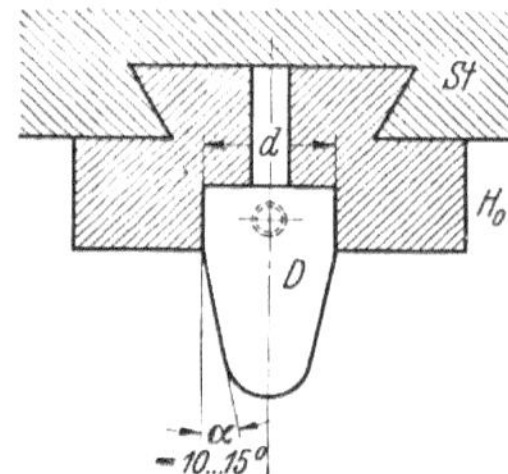

Abb. 81. **Schlagdorn** (*D*)
(zylindrisch mit Schraube
oder Keil befestigt).

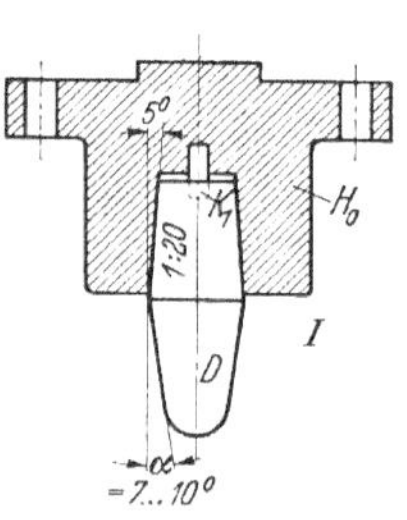

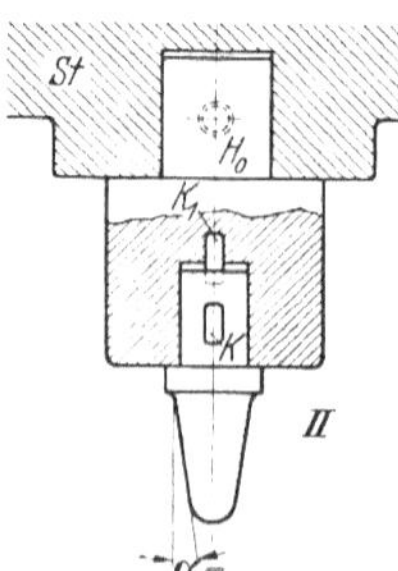

Abb. 82. **Preßdorne.**
Formbefestigung durch
Keil.
K_1 Treibkeil
K Haltkeil.

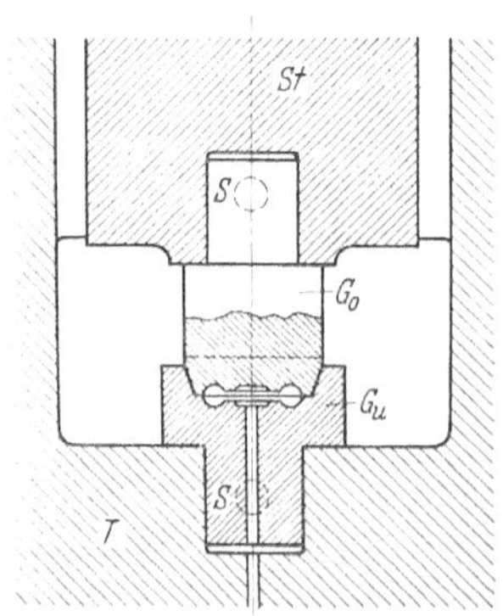

Abb. 80. Gesenkanordnung für
runde Gesenke unter Schmiedepressen ohne Gesenkhalter durch
Zapfen und Druckschrauben.

St Preßstößel, *S* Schraube, G_o
oberes Gesenk, G_u unteres Gesenk,
T Preßtisch.

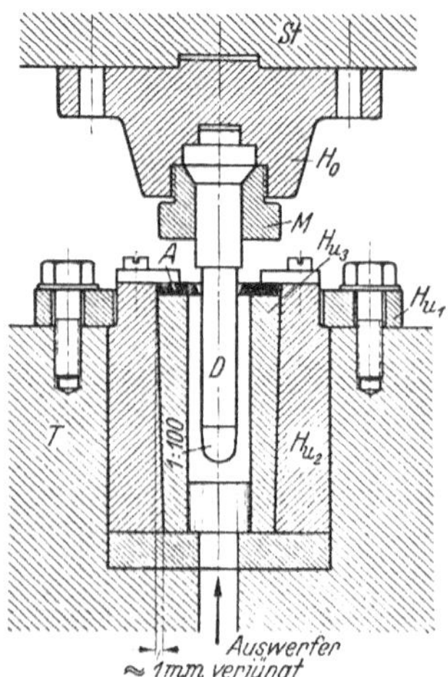

Abb. 83. Gesenkanordnung unter
Schmiedepresse mit langem Dorn (*D*)
und Abstreifer (*A*). Dornbefestigung
durch Gewindemutter *M*.

für Schlagdorne (Abb. 81) 10 ... 15° und für Preßdorne (Abb. 82) 7 ... 10° gewählt, wenn es sich um kurze Dorne handelt, deren Länge 1,25 des Durchmessers α nicht übersteigt. Darf das gepreßte Loch nicht verjüngt sein, ist es zweckmäßig, mit Abstreifer zu arbeiten (Abb. 83). Zylindrische Dorne benötigen einen viel geringeren Kraftaufwand als geneigte Dorne, doch werden meist schräge Dorne verwendet, um das lästige Aufschrumpfen von Grat oder Schmiedestück auf den Dorn von vornherein zu vermeiden.

Der Keil K (Abb. 82 II) dient zur Befestigung des Dornes, Keil K_1 zum Her-

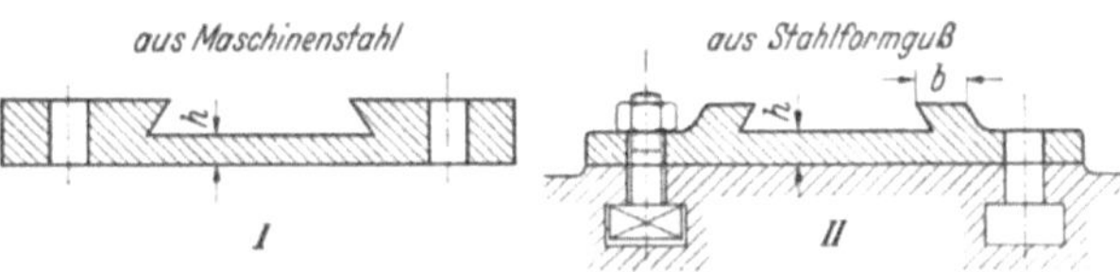

Abb. 84. Froschplatten.

austreiben des Dornes. Die Einspannvorrichtung für lange Dorne in Abb. 83 hat vor Abb. 82 den Vorzug der bequemen Auswechselbarkeit. Allerdings müssen diese Dorne vorgeschmiedet werden, um Dornstahl zu sparen. Diese Befestigung wird einfacher, wenn man das Gewinde unmittelbar auf den Dorn schneidet.

Die Froschplatten (Abb. 84) werden hauptsächlich bei Pressen benutzt, deren Tische keine Schwalben, sondern Schlitze haben, sind also eigentlich aufgesetzte Schwalbennuten. Sie werden am besten in Flußstahl oder Stahlformguß hergestellt. Gußeiserne Platten (auch Teller genannt) halten schlecht und sind zu verwerfen. An jeder Seite sind sie mit 2 ... 4 Schrauben zu befestigen. $h =$ mindestens 60 bis 100 mm, $b = 80 ... 100$ mm oder mehr. Schwalben und Keile wie bei Gesenken, Unterseite ebenfalls gehobelt. Abb. 85 zeigt das Werkzeug zur Herstellung einer Nabe unter einer Schmiedekurbelpresse. Das Stück liegt in den verschiedenen Arbeitsgängen am Boden: I = angestauchtes Vorstück (Entzunderung), II = vorgeformtes Stück, III = fertiggesenkgeschmiedete und gelochte Nabe. Das Werkzeug zu I ist rechts eingebaut. Der Gesenkhalter im Tisch enthält die runden Einsatzgesenkunterteile II und III. Im Stößel ist der zweifache Formhalter angebracht. Da-zwischen befindet sich, beweglich

Abb. 85. Gesenkhalter einer Eumuco-Schmiedepresse zur Herstellung von Naben.

angeordnet, der Abstreiferbalken, der gleichzeitig die Oberteile der Einsatzgesenke enthält.

Ein anderer Gesenkhalter — lediglich in Form einer Platte — ist in Abb. 86 dargestellt, die die Gesenkanordnung zur Herstellung einer Lasche unter einer

Schmiedekurbelpresse zeigt. Vor- und Fertiggesenk sind hier in einfachster Weise auf die Platte aufgeschraubt.

Als Höhenausgleich bei den Schmiedemaschinen mit begrenztem Hub, wie Gesenkdampfhammer, Lufthammer, Schmiedekurbelpresse, um die Höhe zwischen Hammerhub und Gesenkblockhöhe auszugleichen. Seil- und Riemenfallhämmer und Reibscheibenpressen sind unabhängig und können Gesenkblöcke beliebiger Höhe verwenden. Der Dampfkolben D (Abb. 87) muß bei geschlossenem Gesenk um das Maß e (wenigstens 25 mm) von der inneren

Abb. 86. Gesenkhalter einer Eumuco-Schmiedepresse
zur Herstellung von Laschen.

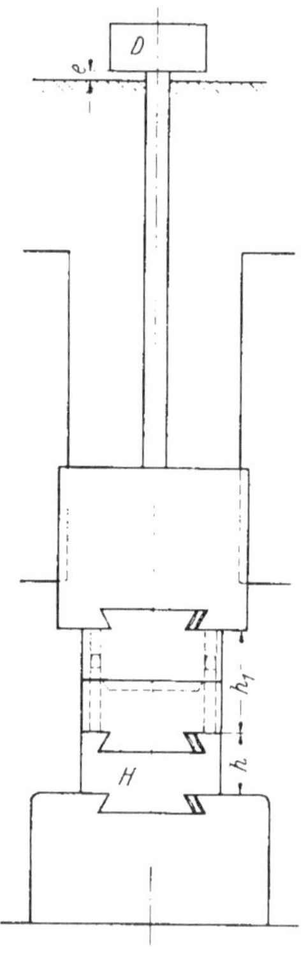

Abb. 87. Dampfhammer
zum Gesenkschmieden.

Zylinderdeckelfläche abstehen. Man ist also gezwungen, eine Anzahl Gesenkhalter mit verschiedenen Höhen h auf Vorrat zu halten, um die verschiedenen Blockhöhen h_1 auszugleichen. Abb. 66 zeigt einen Gesenkhalter für gleichen Zweck am Luftgesenkhammer (Bauart Bêché).

C. Die Befestigung der Abgratwerkzeuge.

Schnittplatten. Sie werden einfach auf Spannleisten, die durchweg gehobelt sind und nicht unter 50 mm Dicke betragen dürfen (für normale Spannleisten kommt die doppelte Dicke in Frage), aus Stahl St 60·11, mit Schrauben und Spanneisen auf dem Tisch befestigt (Abb. 88). Außerdem werden die Leisten noch mit 2 Schrauben gegen die Schnittplatte gepreßt, wobei man zur besseren

Haftung Pappe zwischen Platte und Leisten legt. Weiterhin benutzt man Spann-klauen (siehe Abb. 89...91) zum Aufspannen der Schnittplatten. Die Klaue in Abb. 89 A wird verwandt, wenn die Schnittplatte etwas erhöht gespannt werden muß, um für das Schmiedestück Raum bei d zu schaffen. Sie muß bei a auf-

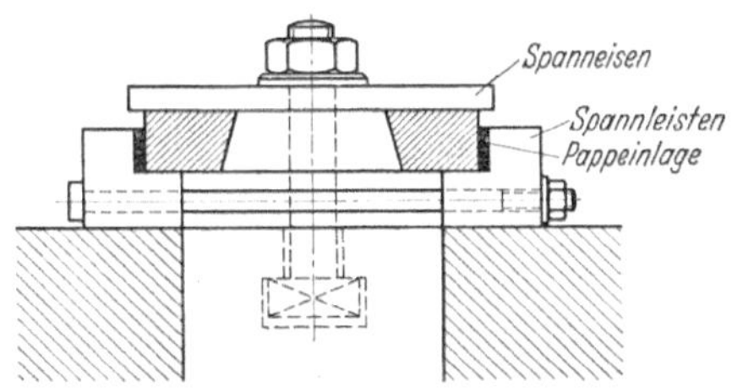

Abb. 88. Befestigung eines Abgratschnittes mit 2 Spannleisten.

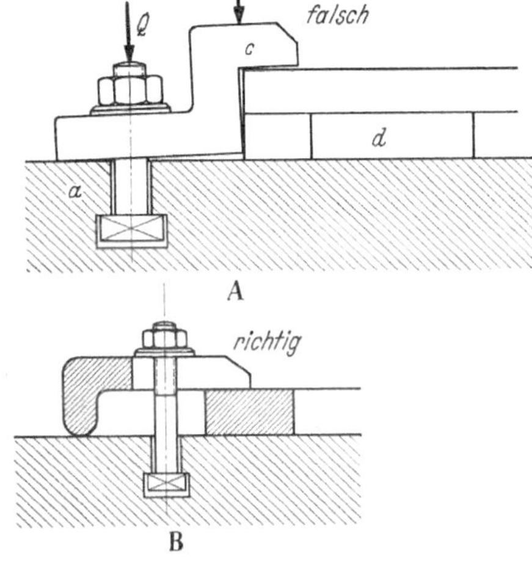

Abb. 89. Spannklaue für Schnittplatten.

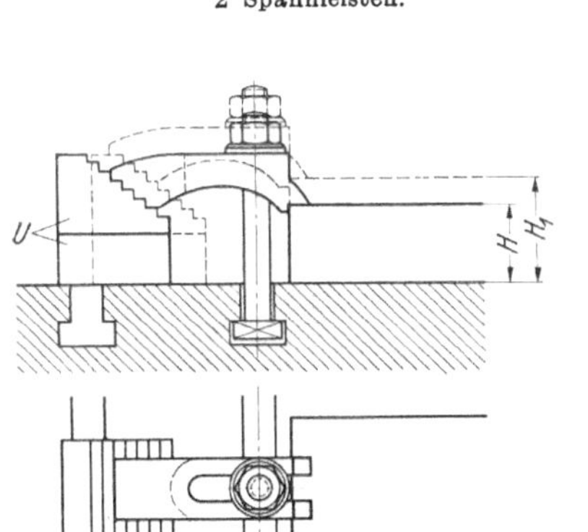

Abb. 90. Spannklaue mit Treppen-bockauflage.

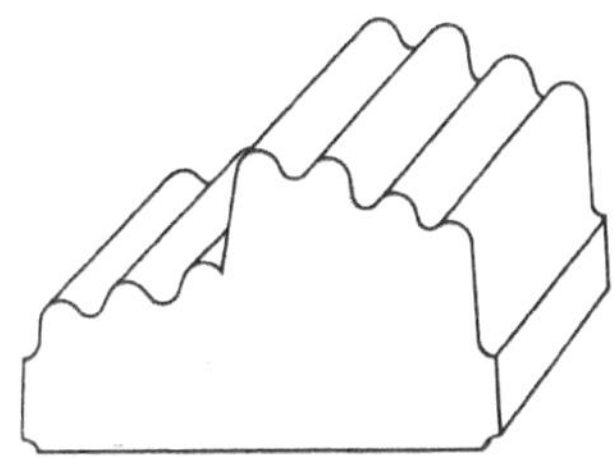

Abb. 91. Treppenböckchen, Bauart Zeiß-Ikon, als Auflage für flache Spannklauen.

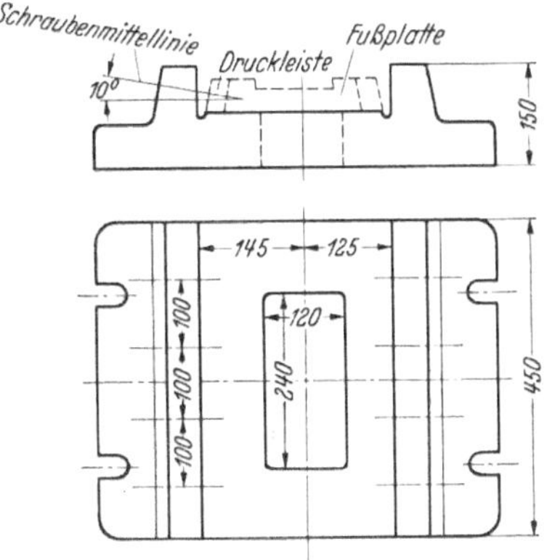

Abb. 92 und 93. Grundplatte.

liegen, um bei c drücken zu können. Dadurch wird der Spanndruck P sehr klein zum Schraubendruck Q und die Schraube muß sich schief stellen. (Siehe Abb. 70). Ein anderes Verfahren ist es, die Schnittplatten in Fußplatten einzu-bauen. Die Fußplatten sind für die einzelnen in Frage kommenden Abgrat-pressentische zugeschnitten und werden auf diese aufgeschraubt. Man benötigt für jede Presse etwa 2...3 Stück. Sie werden mit Schrauben auf den Preßtisch festgehalten, ebenso wie der Schnitt durch Schrauben festgehalten wird. Ein drittes Verfahren ist der Einbau der Schnittplatte in eine Fußplatte, die ihrerseits wieder in einer Grund- oder Tischplatte befestigt wird, Abb. 92 und 93. Diese Schnittplatten sind normgerecht ausgeführt, auf Grund des Längenmaßes des Schmiedestückes z. B. der geometrischen Reihe mit der Zahl 1,5 und des Breitenmaßes mit der Zahl 1,75. So erhält man die Schnittplattengrößen nach Abb. 94. Entsprechend diesen drei Schnittplattenbreiten nach Beispiel ergeben sich drei Fußplatten gleicher Länge und Höhe in drei Breiten. Jede Fußplatte erhält das größtmögliche Durchfalloch. Kleinere Schnittmaße bedingen das Einlegen von Brücken (Abb. 95).

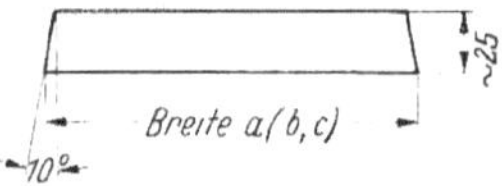

Abb. 94. Schnittplatte.

Abmessungen der Schnittplatten.

Lfd. Nr.	Länge	Breite			Höhe
		a	b	c	
	mm	mm	mm	mm	mm
1	125				
2	150				
3	180	95	125	160	25
4	230				
5	310				

Bei halboffenen und offenen Schnitten müssen stets besondere Fußplatten hergestellt werden. Es muß für freies Durchfallen des Schmiedestückes bzw. Herausgleiten aus Fußplatten gesorgt werden. Bei der Länge solcher Schnittplatten ist auch besonders zu beachten, daß der Schnitt über die Gratfläche bis ins ungeschmiedete Teil hineingreifen muß, damit mit Sicherheit die ganze Gratfläche abgenommen wird und sich nicht später als Werkstoffüberlegung oder Schmiedefalte beim Recken zeigt. Die Schnittplatten werden mit Klemmleisten auf der Fußplatte befestigt (Abb. 96) und diese wird, wenn man sie nicht mit Spannklauen unmittelbar am Pressetisch festmacht, in der Grundplatte festgeschraubt. Schräg angesetzte Schrauben in der Grundplatte drücken auf Druckleisten, die seitlich an der Fußplatte liegen und sie festhalten (Abb. 92).

Stempel. Der Stempel wird befestigt: entweder durch Schwalben in einem Stempelhalter (Abb. 97), durch Schrauben in einem Stempelhalter (Abb. 98) oder durch Platten.

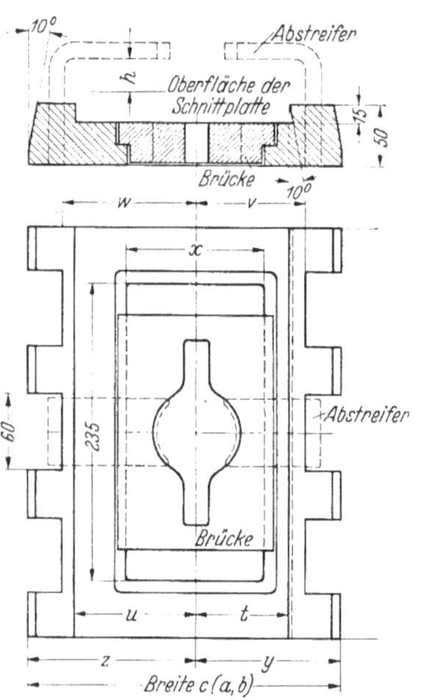

Abb. 95. Fußplatte für eine Presse von 100 mm Hub, 400 mm größter Entfernung zwischen Tisch und Stößel, 400 × 600 mm Tischgröße. 120 × 240 mm Durchfalloch.

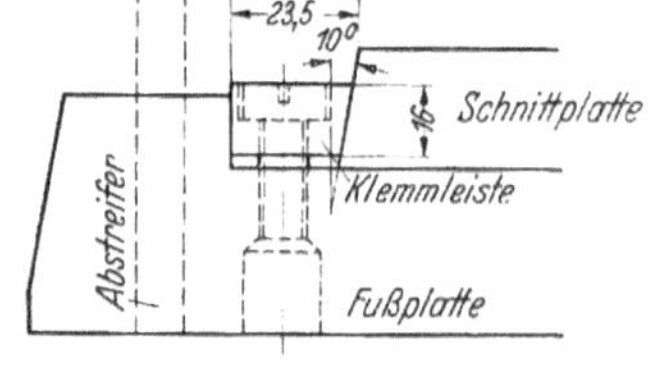

Abb. 96. Klemmleistenbefestigung der Schnittplatten.

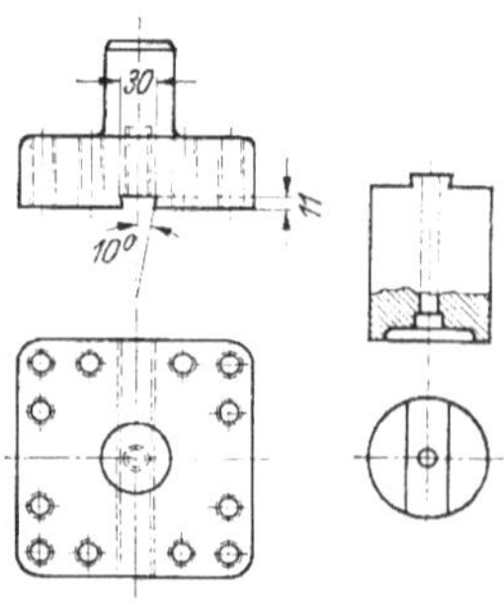

Abb. 97. Stempelhalter mit Schwalbe.

Die Stempel werden in die Platten mit versenkten Schlitzschrauben eingeschraubt, oder die Stempelplatte wird kegelig ausgearbeitet, so daß der Stempel nicht herausfallen kann (Abb. 99). Dicke der Stempelplatten 20...40 mm. Im übrigen sei hierbei auf DIN-Blatt 800, Anschlußmaße für Pressen, hingewiesen.

Bisweilen läßt man das Loch in der Stempelplatte auch gerade, preßt den Stempel stramm ein und vernietet ihn nur ein wenig an der Oberseite (Abb. 100). Es ist zu beachten, daß die Bohrungen im Stempelhalter oder Pressenstößel so angeordnet sein sollen, daß sie zu den Bohrungen der genormten Platten — ganz gleich ob sie rund, rechteckig oder quadratisch sind — passen.

Auf der Thiel-Stempelhobelmaschine kann man außer der bisherigen Art auch noch Stempel mit verstärktem Fuß herstellen (Abb. 101), wodurch der Stempel besonders bei geringen Wanddicken starrer wird und einfacher zu befestigen ist. Bisweilen werden auch lose Lochstempel benutzt, indem eine am Stößel befestigte Druckplatte den Stempel durchdrückt, der auf dem Schmiedestück steht. Man greift zu diesem Mittel, wenn man den Abstreifer für das Schmiedestück sparen will, Abb. 102.

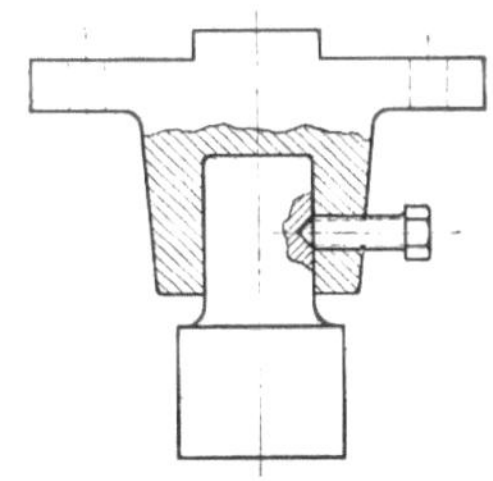

Abb. 98. Stempelhalter zum Einschrauben der Stempel.

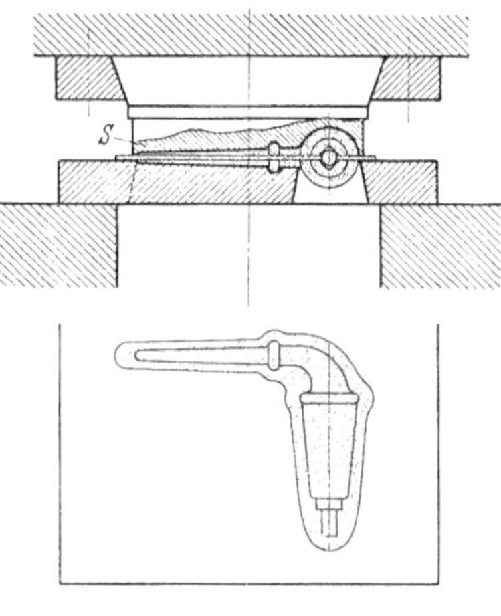

Abb. 99.
Stempelplatte (Stempel kegelig eingesetzt).
S Stempel.

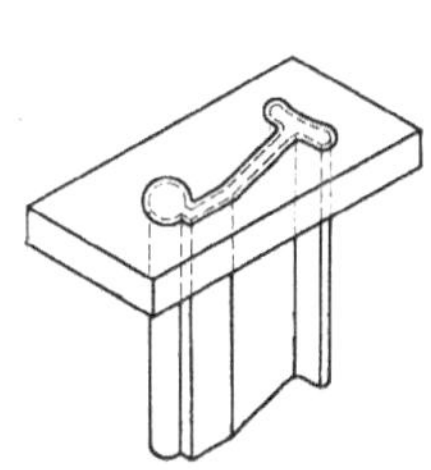

Abb. 100. Stempelplatte (Stempel gerade eingesetzt und etwas vernietet).

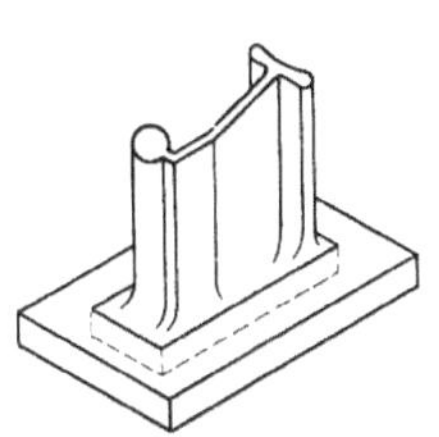

Abb. 101. Stempelplatte (Stempel mit verstärkten Fuß eingesetzt).

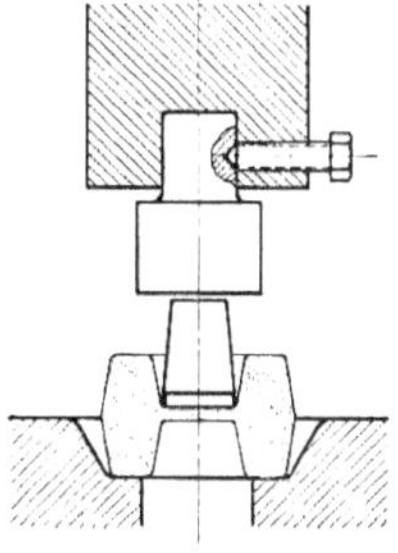

Abb. 102. Loser Lochstempel.

VII. Die Warmbehandlung.

Vorab sei auf die Hefte 7 und 8 „Härten und Vergüten" hingewiesen, während hier nur die Sonderheiten des Härtens von Schmiedewerkzeugen behandelt werden sollen.

A. Die Warmbehandlung der Gesenke.

Gehärtete und ungehärtete Gesenke. Der Stahl muß die geeignete Zusammensetzung haben; je härter die Oberfläche mit der Form, um so härter bzw. fester muß auch der Block im Innern, also der Werkstoff überhaupt sein. Ob ein Gesenk gehärtet werden muß, hängt von seiner Form und Größe und von dem für Schmiedestück und Gesenkblock verwendeten Werkstoff ab. Kleine und mittlere Gesenke bis zu Abmessungen von etwa 300 × 200 mm, die ein Gewicht von etwa 150 kg nicht überschreiten, kann man meist ohne Schwierigkeit härten, wenn nur der Werkstoff für den Gesenkblock richtig gewählt ist und das Schmiedestück die richtige, höchstmögliche Schmiedetemperatur erhalten hat. Eine Tabelle von Schmiedetemperaturen zeigt Abb. 103. Wenn der Rohstoff bei richtiger Temperatur geschmiedet wird, so hat er gewöhnlich bei Kohlenstoffstahl nicht mehr als 10, bei Baustahl, wenn er hochgekohlt ist, nicht mehr als 15 kg Festigkeit, wohingegen ein nichtgehärtetes Gesenk 70 ... 90 kg hat. Das Verhältnis der Schmiedestückwarmfestigkeit zur Gesenkstahlfestigkeit braucht nicht kleiner als 1 : 5 bis 1 : 6 zu sein, so daß mit ungehärtetem Gesenk gearbeitet werden kann. Oft ist auch gar nicht das Nichthärten an der schnellen Verformung des Gesenkes schuld, sondern meistens der zu schwache Hammer, der zu einer zu großen Anzahl von Schlägen (über 4) verleitet. Dadurch wird einesteils der Rohstoff, namentlich der Grat, zu fest (bis 30 kg Warmfestigkeit für C-Stahl von 0,4 C) und andererseits das Gesenk zu stark erhitzt, also zu weich (bei 600° ≈ 40 kg Warmfestig-

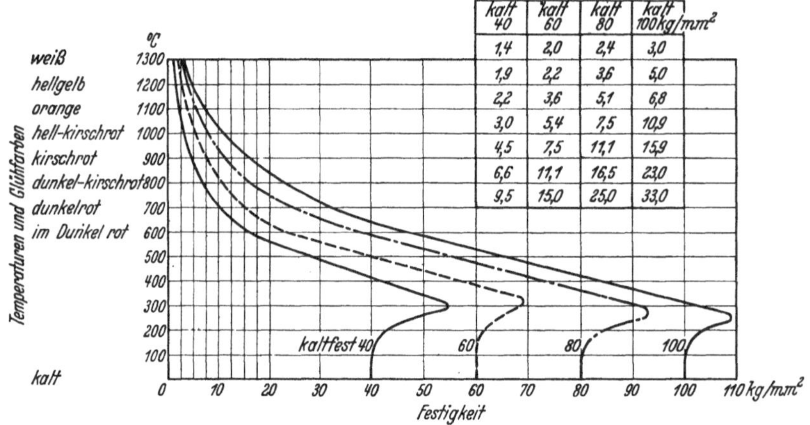

kalt 40	kalt 60	kalt 80	kalt 100 kg/mm²
1,4	2,0	2,4	3,0
1,9	2,2	3,6	5,0
2,2	3,6	5,1	6,8
3,0	5,4	7,5	10,9
4,5	7,5	11,1	15,9
6,6	11,1	16,5	23,0
9,5	15,0	25,0	33,0

Abb. 103. Schmiedetemperaturen für Stahl.

keit für C-Stahl von 0,6 C), so daß das Verhältnis der Warmfestigkeiten von Rohstoff zu Gesenk unter 2 sinkt. Die Härte des Rohstoffes nimmt stark mit dem Temperaturabfall zu: das wolle man stets im Auge behalten. Und je dünner das Werkstück im Querschnitt, desto geringer sei die Schlagzahl. Größere oder schwerere Gesenke, besonders lange mit verhältnismäßig kleinem Querschnitt (Achsen, Kurbelwellen) härtet man nicht, um Bruch oder Verziehen zu vermeiden. Man benutzt dann naturharte oder vom Stahlwerk vergütet bezogene Gesenkstähle, falls solch härtere Blöcke bearbeitet werden können.

Härteofen. Die zu härtenden Gesenke müssen bei der vorgeschriebenen Härtetemperatur gleichmäßig und durchgreifend erwärmt werden. Man benutzt heute zur Warmbehandlung von Gesenken und Schnitten meist Herdöfen mit Gasfeuerung, während Öfen mit festen Brennstoffen weniger zweckmäßig sind infolge der langsameren Temperaturregelung. Wo billiger Strom vorhanden ist, sind natürlich elektrische Öfen sehr empfehlenswert. Es besteht die Tatsache, daß in den Gesenkschmieden die Öfen oft zu klein für das Gesenkhärten sind. Es ist zumindest darauf zu achten, daß man die Blöcke genügend lange erhitzt, im Ofen wendet und nach völliger Durchhitzung noch $^1/_2$ ... 1 h durchziehen läßt, sonst sind leicht die Fehler der ungleichen Erwärmung wie weiche Stellen, Anrisse, Abspringen von Kanten und Ecken zu beobachten.

Das Abschrecken. Kleine Gesenke bis etwa 150 × 150 mm härtet man meist ganz, d. h. man steckt sie nach dem Anwärmen ins Wasser- oder Ölbad. Dabei muß man darauf achten, daß sich keine Lufthohlräume in den Gesenkeinarbeitungen bilden können. Es muß also so eingetaucht werden, daß Luftblasen immer leicht entweichen können, damit keine weichen Stellen entstehen. Grö-ßere Gesenke härtet man durch Eintauchen der Gravurfläche ins Kühlbad, wobei man 25 ... 50 mm tiefer als das größte Einarbeitungs-maß gehen muß. Die Kühlflüssig-keit muß bewegt werden, damit sie auch am Werkstück kühl bleibt und ruhende Gashohlräume nicht entstehen. Das geschieht am besten durch einen kräftigen Wasserstrahl. Härtetröge dieser Art zeigen

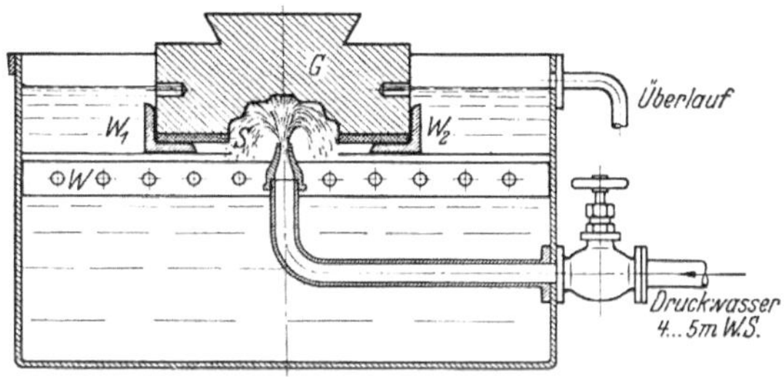

Abb. 104. Anordnung des Gesenkblockes beim Härten im Wasserstrahl mit einer (oder mehreren) Düsen.

Abb. 104 und 105. In dem Blechkasten von $800 \times 500 \times 600$ mm (Abb. 104) sind auf den zwei Längswinkeln W die beiden Winkel W_1, W_1' quer gelagert. Das erwärmte Gesenk G wird auf eine Schablone S aufgesetzt, die nur die Figur des Gesenks frei läßt. Besser ist es noch, auf die Schablone erst eine Asbestschablone zu legen, die eben solchen Aus-schnitt hat. Nun läßt man durch das untere Ventil den vollen Wasserstrahl aus der Düse in die Figur ununter-brochen spritzen, bis die Farbe des Gesenkblockes außen verschwindet (dunkel wird $\approx 630°$) und läßt dann

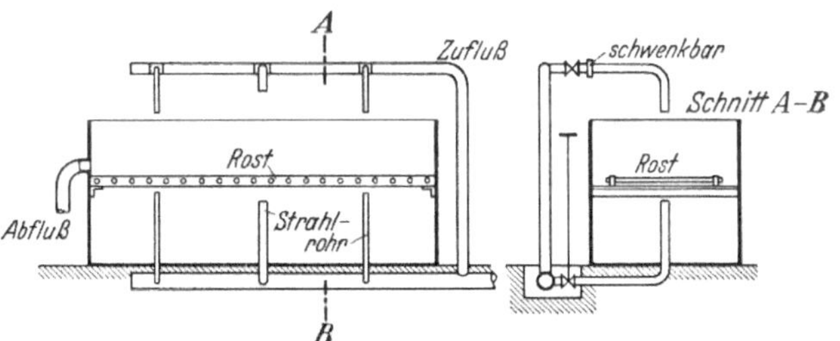

Abb. 105. Härtetrog mit mehreren Strahlrohren.

durch das Zuflußrohr von oben (Abb. 105) einen vollen Wasserstrahl auf das Ge-senk, bis es handwarm, ist um ein Verziehen zu vermeiden. Von unten wird aber bis zum völligen Erkalten gekühlt; denn der Block muß so lange im Kühlbad liegen, bis die tiefsten Gesenkstellen durch die Kernhitze nicht nachgewärmt und somit weich werden können. Die Hauptsache ist, alles so zu ordnen, daß das Gesenk bei voller Härtetemperatur über den Wasserstrahl kommt. Folglich müssen alle Vorrichtungen so beschaffen und aufgestellt sein, daß vom Ofen zum Härtekasten keine Zeit verlorengeht.

Handelt es sich um Gesenkbüchsen für Hohlkör-perpresserei, so setzt man an Stelle der Düse die ge-drehte Schale D_1 (Abb. 106) zwischen die Winkel w_2, w_3. Damit der oben ausspritzende Wasserstrahl, der so stark sein muß, daß er die Innenwände des Gesenkes voll berührt, nicht auf die Außenfläche des Gesenkes fällt, so schiebt man in die obere Öffnung den Trichter H fest

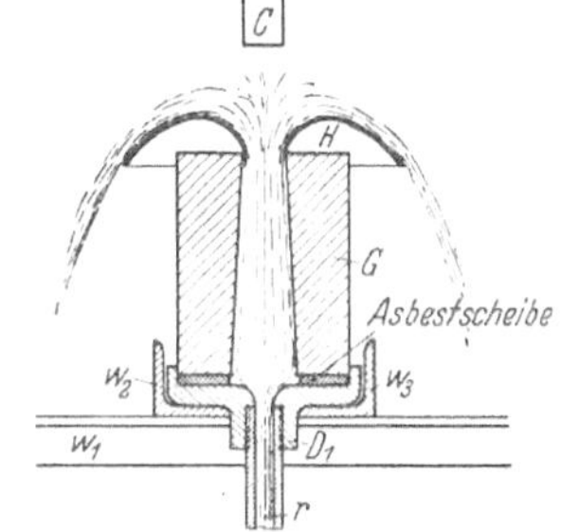

Abb. 106. Härten von Gesenkbüchsen.

ein. Sobald das Gesenk eine dunkle, schwärzliche Farbe annimmt, entfernt man den Trichter mit leichtem Schlag eines Hammers und läßt Wasser aus dem Rohr C bis zum vollständigen Kaltwerden. Solcherart soll man alle Gesenke härten für

Warm- und Kaltpresserei, auch Nietendöpper und Bolzenkopfgesenke. Dadurch wird die Stahlschicht auf der Oberfläche der Gravur am härtesten und nimmt nach der Außenfläche des Gesenkes ab, so daß die volle Elastizität des Stoffes gewahrt bleibt. Das Gesenk wirkt gegen die Hammerschläge wie eine richtig gehärtete Panzerplatte.

Nach dem Spritzverfahren härtet man Gesenke stets mit Wasser. Man kann bei den verschiedenen Stahlsorten nur die Temperatur des Wassers regeln, um mildere oder stärkere Abschreckung zu erzielen. Für Kohlenstoffstahl von 0,65 C ist Wasser mit 15 ... 20° zu benutzen, für Nickelstahl mit hohem Kohlenstoffgehalt 22 ... 25°. Statt dessen kann man, um milder abzuschrecken, die Temperatur des Wassers auch normal belassen, dafür aber etwas Seife oder Kalk zusetzen. Kleine Gesenke, die in Gesenkhaltern gepreßt werden, sind natürlich ohne die Halter besonders zu härten. Die Halter bleiben weich. Die Preßdorne werden mit der Spitze voraus in Öl oder Wasser gehärtet.

Will man längere Einarbeitungen härten, so muß man eine ganze Reihe von Düsen nebeneinander stellen, doch so, daß in der Figur eine einheitliche Wasserfläche durch die verschiedenen Strahlen gebildet wird, die gleichmäßig kühlt. Besonders lange Gesenke zu härten, bereitet immer gewisse Schwierigkeiten. Wenn man nicht nach dem Grundsatz „Besser nicht gehärtet als schlecht gehärtet" davon absieht, überhaupt zu härten, dann muß man ein solches Gesenk als Stab auffassen und in der Längsrichtung in ein tiefes Ölgefäß tauchen, wobei die nötigen Schutzvorrichtungen gegen Entzündung des Öls bereitzuhalten sind. Wasserstrahlhärtung kommt hier wegen Verziehens nicht in Frage.

Anlassen. Die gehärteten Gesenke müssen zur Beseitigung der Spannungen, der Sprödigkeit und zum Rückführen auf die richtige Härte und Zähigkeit angelassen werden.

Grundsätzlich soll jedes Warmgesenk 30 ... 50° höher angelassen werden als seine Arbeitstemperatur ist. Diese schwankt je nach Schmiedetemperatur des Werkstoffes und der Arbeitsschnelligkeit (siehe S. 51 unter „Kühlen"). Die für jeden Stahl zulässige Anlaßtemperatur wird von den Stahlwerken angegeben, wobei aber auch ganz besonders die Anlaßzeit zu berücksichtigen ist, die je nach Art und Größe zwischen mindestens 1 h (besser 1,5 ... 2) für kleine Gesenke und mehreren Stunden schwankt. C-Stähle haben im allgemeinen kürzere, legierte Stähle — steigend mit der Legierung — höhere Anlaßzeiten. Kennt man die Stahlsorte nicht, dann gilt: einfache Gesenke gelb anlassen, verwickelte Gesenke und Schnitte bis violett. Anlassen ist nötig, wenn die Feilprobe (Dreikantschlichtfeile) ergibt, daß die Feile infolge der Glashärte nicht greift. Manche Gesenkstähle — wie Cr- und Cr-Ni-Stähle leiden auch an Anlaßsprödigkeit, die durch schnelle Abkühlung nach erreichter Anlaßtemperatur beseitigt wird. Für hochlegierte Cr-Ni-Stähle empfiehlt sich daher nach dem Anlassen ein Abkühlen in Wasser. Molybdänlegierte Gesenkstähle zeigen keine Anlaßsprödigkeit.

Härtung und Stahlsorte. Prüfung. Man hat heute die Wahl, wasser-, öl- oder lufthärtende Stähle zu verwenden und kann sich dadurch manche Erleichterung schaffen. Die Stahlwerke geben genaue Sondervorschriften für jede Marke. Während bei Wasser- und Ölhärtung auf eine gute Kühlung der Kühlflüssigkeit gesehen werden muß, ist bei Lufthärtung zu beachten, daß die Luft trocken, gleichmäßig und nicht allzu stark gepreßt auf die Gravur geleitet wird. Dabei ist ein Reißen des Werkzeuges so gut wie ausgeschlossen. Da die scharfe Wasserhärtung schon ab und zu Fehlstücke ergibt, geht man gern zu der milderen Öl- und der noch milderen Lufthärtung über. Nach der Warmbehandlung wird der Block bzw. Dorn an den verschiedenen Stellen an den Rändern und im Innern der Fläche auf Härte durch Kugeldruckpresse, Skleroskop, Rockwellhärteprüfer usw. geprüft. Um die Gesenkeinarbeitung vor der Entkohlung und Verzunderung zu schützen, wird sie vor dem Härten mit gemahlener Holzkohle ausgefüllt und mit Lehm überstrichen. Außerdem arbeitet man bei Gasöfen mit einem geringen Gasüberschuß (reduzierende Flamme).

Ursache von Mängeln. Werden gehärtete Wandungen im Gesenk eingedrückt, so kann das mehrere Ursachen haben:

1. Härte allgemein zu klein.

2. Strukturverschiedenheit im Block (außen und innen) durch ungenügende Blockdurchschmiedung.

3. Ungleiche Vergütung. Die Außenflächen sind zur Körperhärte zu hart und drücken sich ein. Zu vermeiden durch durchgreifende Erwärmung, richtiger: Abschreckung und genügend langes Anlassen bei richtiger Temperatur.

Die Möglichkeit der ungleichen Vergütung zwingt zur Überlegung, ob man im jeweiligen Block die Gesenkform vor oder nach der Vergütung einarbeitet

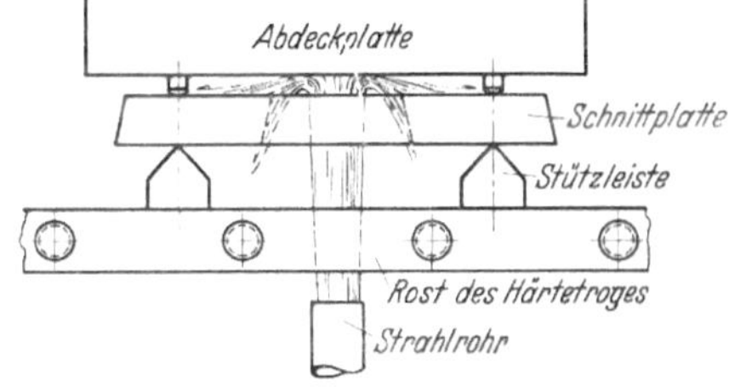

Abb. 107. Härten der Schnittplatte im Wasserstrahl.

bzw. ob man die Gesenkform in dem noch nicht warmbehandelten Block verarbeitet (auf etwa 3 mm Schnitt), vergütet und dann fertig bearbeitet. Durch zu starkes Anlassen werden die Härtespannungen nicht restlos ausgeglichen. Es besteht dann die Gefahr der Spannungsrisse.

B. Die Warmbehandlung der Schnitte.

Nicht warm zu behandelnde Stähle werden für Schnitte nicht verwendet, sondern nur Wasser- für einfachere, Öl- oder Lufthärter für schwierigere Formen. Wasserhärter glüht man je nach Stahlart und Größe vor der Verarbeitung bei

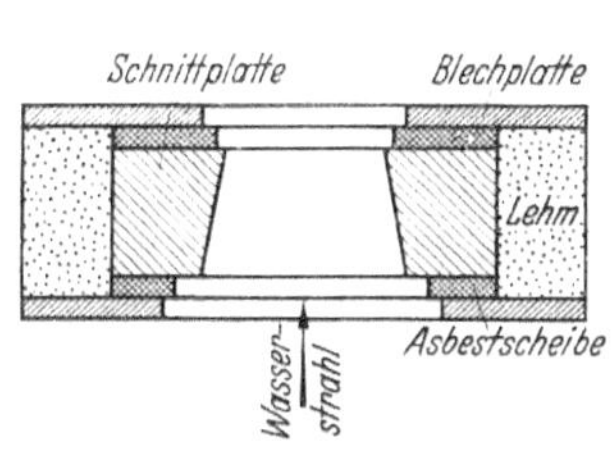

Abb. 108.
Schnittplatte, verpackt zum Härten.

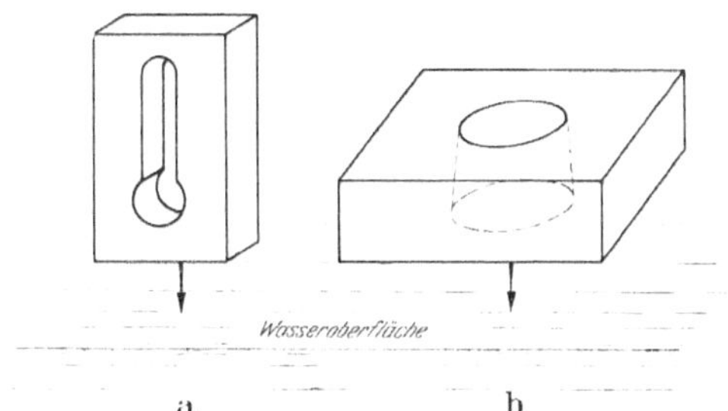

Abb. 109. Härten der Schnittplatten durch Eintauchen.

etwa 720° 2 ... 4 h, Ölhärter bei etwa 720° 4 ... 6 h, Lufthärter bei etwa 750 ... 780° 4 ... 6 h und läßt sie dann langsam abkühlen.

Die Schnittplatten werden auf zweierlei Art gehärtet: ähnlich dem Gesenkblock durch Wasserstrahl oder durch Eintauchen. Wasserhärtende Schnittplatten werden unverpackt nach Abb. 107 im Wasserstrahl gehärtet. Bei schwierigen Durchbrüchen packt man die Platte nach Abb. 108 ein, so daß nur die Schneidkante hart wird. Meist härtet man die Schnittplatten aber durch Eintauchen, wobei zu beachten ist, daß man längliche Schnittplatten in Richtung der Längsachse senkrecht eintauchen muß (Abb. 109 a). Rundschnitte, die keinesfalls oval werden dürfen, sind mit der Zylinder- oder Kegelachse senkrecht, also mit der breiten Fläche, einzutauchen (Abb.109 b), sonst härtet man auch solche Schnittplatten durch Eintauchen mit der schmalen Seite nach unten. Gehärtete Schnitte sind anzulassen: Wasserhärter stärker als Öl- und Lufthärter. Wasserhärter: Anlaßfarbe braun bis violett. Öl- und Lufthärter: Anlaßfarbe gelb bis rot.

Die Stempel werden nur an der Druck- bzw. Schneidstelle senkrecht zur Achse ins Kühlbad getaucht auf eine der Form entsprechende Tiefe. Den noch glühenden Stempelschaft läßt man von rückwärts aus gelb bis violett an. Ölhärter werden meist ganz in Öl eingetaucht. Öl- und Lufthärter werden durch Erwärmen des rückwärtigen Stempelschaftes angelassen. Anlaßfarbe wie beim Wasserhärter. Erkalten im Ölbad.

VIII. Behandlung der Werkzeuge.

A. Die Gesenke.

Einbau. Die Gesenke müssen so eingebaut werden, daß der Schlag- bzw. Druckmittelpunkt von Hammer oder Presse einerseits und dem Gesenk andererseits annähernd zusammentreffen, sonst ist das bekannte Wandern der Gesenke zu erwarten, bzw. ein Schiefschlagen der Schmiedestücke. Der Schlagmittelpunkt des zu schmiedenden Stückes ist angenähert durch die Lage seines Schwerpunktes bestimmt, aber bei schwierigen Fließverhältnissen entsprechend verlagert.

Bei mehrfachen Einarbeitungen im Gesenkblock stellt man die Fertigform in den Schlagmittelpunkt. Die Auflageflächen der Gesenke, oben an Bär bzw. Stößel und unten an Gesenkhalter bzw. Hammeruntersatz, müssen unbedingt eben sein oder mit anderen Worten: Die Flächen müssen dicht und fest, ohne Schmutz gegeneinanderliegen. Wo sie das nicht tun, hilft man sich durch Unterlagen von Pappe, Preßspan oder Blech. Besser aber ist es auf jeden Fall, durch Hobeln, Fräsen oder Schleifen die Auflageflächen zu ebnen. Hammeruntersätze können durch ortsbewegliche Fräsvorrichtungen in Ordnung gebracht werden, während man Bär, Stößel oder Gesenkhalter zu diesem Zweck auf die Maschine nimmt.

Die Gesenkblöcke müssen so eingebaut werden, daß die beiden zusammentreffenden Flächen dicht aufeinanderliegen und nicht an irgendeiner Stelle klaffen. Tun sie das nicht, so muß die Parallelität der Kopf- und Fußflächen am Gesenk-Ober- und -Unterteil nachgeprüft und gegebenenfalls durch Schleifen verbessert werden, sonst gibt es schiefe Stücke oder zu starken örtlichen Verschleiß am Gesenk.

Beim Einbau der Gesenke wird zunächst das Unterteil oberflächlich befestigt und dann das Obergesenk fest eingebaut, wobei für richtige Achsendeckung zu sorgen ist (Marken). Schließlich wird das Untergesenk endgültig eingestellt und befestigt. Man gibt nun einige leichte Schläge oder Drucke und prüft die Befestigungsteile, ob sie sich gelockert haben. Der prellende, hartklingende Schlag deutet auf guten Sitz, ein weicher dumpfer Schlag auf mangelnde Befestigung. Bei Einbau von Gesenken unter der Kurbelpresse kommt, wie bereits erwähnt, als Sonderheit die Einhaltung der Höhenlage hinzu. Ebenso beim Gesenkdampfhammer. Um dieser Schwierigkeit aus dem Wege zu gehen, normt man einfach die Höhen der Gesenke und der Halter.

Anwärmen. Vor Inbetriebsnahme müssen die Gesenke je nach Art des Stahls auf 150 ... 300° erwärmt werden, sei es durch rotglühende Eisenstücke, die zwischen die beiden Gesenkoberflächen gelegt oder durch Gasbrennerrohre, die um das Gesenk herumgelegt werden; denn die Stahlblöcke haben bei dieser Temperatur die höchste Festigkeit (besonders Cr- und Wo-Stähle) (siehe Tabelle 103). Besonders im Winter darf man nicht in kalten Gesenken schmieden, da durch die Abkühlung Gefügeänderungen und somit Spannungen entstehen, die die Gesenke beim ersten Schlag oder Druck — bisweilen schon ohne Gebrauch im Lager — zerspringen lassen. Die niedrigen Temperaturen können durch Thermometer oder durch Schmelzpunkte von Metallen geprüft werden: Blei schmilzt bei 321°, Zinn bei 232°, verschiedene Weichlote von 135 ... 200°.

Probeschmieden. Es soll feststellen:
1. die genau erforderliche Werkstoffmenge und die Abmessungen,
2. richtige Achsendeckung von Ober- und Untergesenk.

Das Prüfen auf richtige Werkstoffmenge und Abmessungen kommt nur bei erstmaliger Schmiedung in Frage. Mit drei Stücken wird probegeschmiedet: ein Stück des errechneten Gewichtes, ein Stück mit 10% mehr und eins mit 10% weniger. Die richtige Achsendeckung nach Einbau wird auch bisweilen durch Einschlagen von Blei geprüft.

Kühlen und Ausblasen der Gesenke. Die Gesenke erhitzen sich beim dauernden Gebrauch auf etwa 250 ... 400°; Schmiedemaschinengesenke und Gesenke bei anderen schnellen Arbeitsverfahren bis auf etwa 550°. Das macht eine Kühlung nötig, falls nicht vorzeitiger Verschleiß eintreten soll; denn bei 4 ... 500° sinkt die Festigkeit stark ab (siehe Tabelle Abb. 103). Gekühlt wird einesteils durch Lüften der Schmiedestücke, das ist das Abheben vom Gesenk nach jedem Schlag, anderenteils durch Druckluft, die durch einen Metallschlauch oder ein Gelenkrohr mit Düse an das Untergesenk geführt wird. Als Druck sind mindestens 1,5 ... 2 at zu nehmen, doch benutzt man besser höhere Spannungen (6 ... 7 at). Der Luftstrahl entfernt gleichzeitig den Zunder aus den Vertiefungen der Gesenkform. In Schmieden, wo Dampf vorhanden ist (Dampfhämmer, dampfhydraulische Pressen) benutzt man auch diesen zum Abblasen der Gesenkform. Das ergibt sehr saubere Schmiedestücke, infolge der Bildung von Zunder aus Eisenoxyd, während der sogen. „Klebzunder" aus Eisenoxydul bei Sauerstoffmangel entsteht. Das erhitzte Werkstück soll aber bereits vor dem Einlegen zwischen Stahlbürsten — die bei größeren Stücken an langen Stielen sitzen, bei kleineren Stücken als Doppelbürsten ausgeführt sind — abgerieben und so unter Anwendung von Wasser vom Zunder befreit und dann erst gesenkgeschmiedet werden. Das Bürsten ist nochmals vor dem letzten Schlag zu wiederholen. Das Obergesenk leidet weniger unter der Hitze. Es kühlt sich durch die dauernde Bewegung ab und ist kürzere Zeit mit dem erhitzten Werkstoff in Berührung. Hier begnügt man sich damit, daß man es mit dickflüssigem Öl schmiert. Der Zunder fällt aus dem Obergesenk von selbst heraus. Man bläst es aber doch aus und muß beobachten, daß der Zunder sich nicht festsetzt und die Stücke dann nicht mehr vollgeschlagen werden.

Schmierung des Gesenkes. Die Gesenke müssen geschmiert werden, um den Fließwiderstand an den Druckflächen zu vermindern. Man muß dieses Schmieren nicht mit dem Schmieren einer Maschine vergleichen. Man nimmt vielmehr als Schmiere stets solche Stoffe, die zwischen der Gesenkoberfläche und dem glühenden Rohstoff eine äußerst dünne Gasschicht bilden, die einesteils die Einarbeitung vor zu starker Erwärmung schützt, anderenteils aber auch durch ihre Druckentwicklung ein Ausheben des Rohstoffes erleichtert. Man benutzt schwere Öle, Talg, Fett, Wachs oder Vaseline, die bei höherer Temperatur vergasen und mischt etwas Graphit hinein. Man nimmt auch Graphit allein, aber keinen sandigen bzw. aschehaltigen, sonst kann die Form leicht Risse bekommen, die sich langsam aber sicher vergrößern. Wasser verträgt kein Gesenk. Geschmiert wird mit einem Stab (Holz oder Eisen), um dessen Ende ein Lappen als Bausch gewickelt wird. Zuviel Schmierung vermeide man, denn nicht die Menge macht es, sondern die gleichmäßige, dünne Verteilung. Das herumspritzende Fett ist höchst unangenehm. Für Dornungen, welcher Art sie auch seien, tief oder flach, benutzt man am besten Holzsägespäne oder aschearmes Steinkohlenpulver (Grus). Ist das Pulver sandig, so erhält der Dorn frühzeitig Längsrisse. Man benutzt aber ebenso häufig dickes Schmieröl mit Graphit. Die Einsatzbüchsen müssen übrigens Luftlöcher haben, weil die Öl- und Kohlengase häufig zerknallen. Durch gutes Bestreuen der Oberfläche des Schmiedestückes wird das Hochreißen im Obergesenk ziemlich sicher vermieden. Ebenso bestreut man das Untergesenk, wenn dieses das Schmiedestück zu fest halten sollte. Für unter dem Hammer gedornte größere Teile (Geschoßkappen) ist Leder ein vorzügliches Schmiermittel. Man wirft kleine Stückchen davon ins Gesenk und in den Hohlraum des Schmiedestückes hinein.

Gesenkinstandhaltung. Zeigen sich kleine Risse, so können diese unter dem Hammer oder der Presse mit dem Punzeisen nachgestemmt, mit der elektrischen Handschleifmaschine ausgeschliffen und nachgeschabt werden. Verdrücken sich die Gesenkkanten, so bleibt das Schmiedestück leicht haften. Auch hier kann

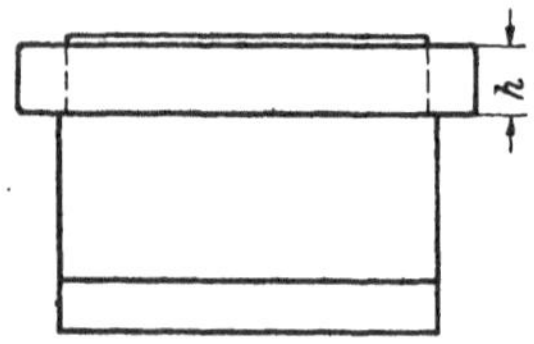

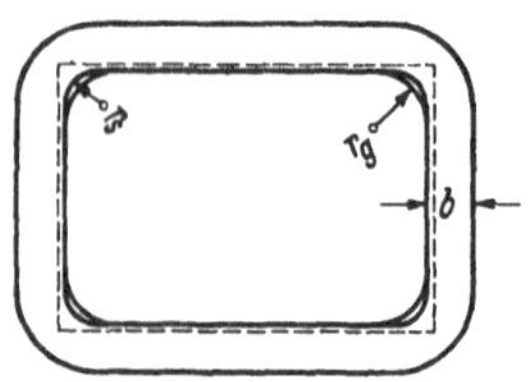

Abb. 110 und 111. Schrumpfband am Gesenk.

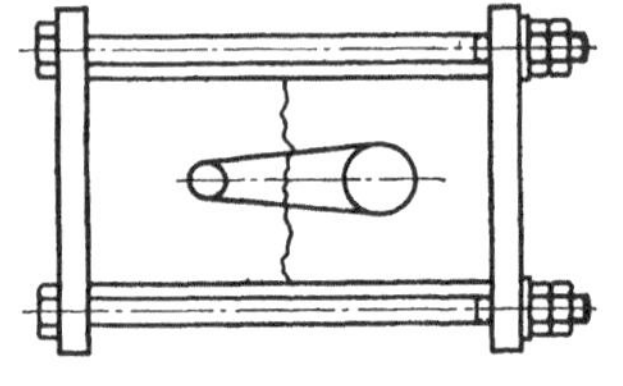

Abb. 112. Verlaschen gebrochener Gesenke.

das Gesenk ohne Ausbau nachgearbeitet werden. Neuerdings macht man auch gute Erfahrungen mit dem elektrischen Zuschweißen entstandener Risse, die mit Schmelzstoff gefüllt werden. Auftragsschweißung hat sich jedoch bei Gesenkreparaturen bislang nicht bewährt. Bei größeren Rissen (auch wenn das Gesenk ausgebrochen ist) ist zu überlegen, ob man an dieser Stelle das Gesenk so weit ausarbeitet, daß man ein neues Stück Stahl in der notwendigen Form durch Einschlagen einsetzt, oder ob man ein Schrumpfband um den ganzen Block legen soll (Abb. 110 und 111). Das Schrumpfband aus einem Stück führt man etwa nach nebenstehenden Abmessungen aus.

Schrumpfbandabmessungen.

Längste Oberflächenkante des Gesenkes	Schrumpfband		Eckenabrundung am	
	Höhe h mm	Breite b mm	Schrumpfband r_s mm	Gesenke r_g mm
bis 150	40	30	20	25
150—250	50	35	25	30
250—350	70	50	30	35
350—450	100	75	35	40

Die Ecken der Blöcke sind stets abzurunden. Quadratische Gesenkblöcke erhalten runde Schrumpfringe. Als Werkstoff nimmt man zweckmäßig St 42,11 bis St 50,11. Als Schrumpfmaß rechnet man 2 °/₀₀. Die Schrumpfbänder werden auf etwa 250 ... 300° erhitzt, damit sie sich leicht um das Gesenk legen lassen. Auch ganz gebrochene Gesenke kann man auf diese Weise gebrauchsfähig machen, falls die noch anzufertigende Stückzahl nicht mehr groß ist und ein neues Gesenk sich nicht lohnt.

An Stelle des Schrumpfbandes ist auch eine Verlaschung nach Abb. 112 möglich: Die Schrauben werden zunächst angezogen, dann mit dem Schweißbrenner glühend gemacht und darauf die Muttern nochmals angezogen. Durch dieses Schrumpfen der Schrauben werden die gebrochenen Gesenkhälften stark zusammengedrückt. Bei Rissen in Längsrichtung kann man die Gesenkblöcke unter der Einarbeitung quer durchbohren und die Hälften in gleicher Weise wie oben verlaschen.

Dorne im Gesenk brechen leicht oder nutzen sich leicht ab. Deshalb setzt man sie durch festes Einpressen oft gesondert in das Gesenk ein — unter Verwendung eines hochwertigen Stahles —, so daß sie ausgewechselt werden können.

Bei Rundformen kann man abgenutzte oder schadhafte Gesenke durch Ausbuchsen wieder brauchbar machen. Als Schrumpfmaß wendet man hier etwa $1,5^0/_{00}$ an.

Mehrfachgravierung der Gesenkblöcke. Man sieht öfter, daß im Glauben an Kostenersparnis die Gesenkblöcke an mehreren Seiten benutzt sind. Es kann dies im Einzelfalle — bei ganz geringen Stückzahlen — zweckmäßig sein, im allgemeinen ist es jedoch nicht zu empfehlen, da die Kostenersparnis der Mehrfacheinarbeitung die große Gefahrenmöglichkeit meist nicht ausgleicht. Selbst mehrere Einarbeitungen nur auf einer Blockseite sehe man nur nach reiflicher Überlegung vor. Bei kleinen Teilen kann dieses Verfahren allerdings wirtschaftlich, sein.

Gesenkerneuerung. Nach Überschreiten der zulässigen Toleranz muß das Gesenk außer Dienst gestellt werden. Der Gesenkschmied muß auf die Güte seiner Ware achten.

Gehärtete Blöcke müssen zur Wiederverwendung sorgfältig ausgeglüht werden. Dann ist die alte Einarbeitung soweit abzuhobeln, daß das neue Gesenk aufgezeichnet werden kann und der ermüdete Werkstoff weggenommen ist. Die Ermüdung kann man deutlich an den Fließlinien im Werkstoff erkennen. Man geht mit dem Hobeln etwa 10 ... 15 mm unter diese Merkmale. An einem Block läßt sich die Gesenkform vielleicht dreimal erneuern. Genaue Angaben sind nicht möglich; jedoch sinkt mit jeder Erneuerung im selben Block die Lebensdauer des Gesenkes. Erfahrungsgemäß hat die zweite Gesenkform nur etwa 75 ... 80%, die dritte etwa nur 60% der Lebensdauer der ersten.

Gesenkwechsel. Gesenkwechsel (Ein- und Abbau) kostet Zeit. Der Verbrauch an Zeit ist verschieden, je nachdem der Arbeiter mehr oder weniger anstellig, ordentlich und gewissenhaft ist. Man soll also diese Angelegenheit dem Arbeiter nicht selbst überlassen. Zunächst ist streng darauf zu achten, daß Ordnung gehalten wird in allen Teilen, die zum Gesenkwechsel gebraucht werden, als da sind: Keile, Schrauben, Hämmer, Unterlagen, Beilagen usw., die in verschließbaren Kästen oder Behältern am Hammer aufbewahrt werden müssen. Dann ist auch zu überlegen, wie man durch Anwendung geeigneter Fördermittel die Förderzeit der Gesenke auf das geringste Maß herabdrücken kann. Es kommen je nach Art der Schmiede für den Ein- und Abbau der Gesenke in Frage: elektrische Krane, Handkrane, Laufkatzen mit Elektroflaschenzügen oder Handflaschenzügen, Hubwagen, Gestelle usw. Die neuen Gesenke sind ferner rechtzeitig dem Arbeiter an den Arbeitsplatz zu bringen. Nach Beendigung der Arbeit dürfen die heißen Gesenke nicht in Wasserpfützen geworfen oder auf den Hof in kalte Luft oder Regen gestellt werden. Man läßt sie zunächst in der Schmiede am zuggeschützten Ort abkühlen. Dann werden sie mit säurefreiem Fett oder Öl eingeschmiert und ins Gesenklager geschafft. Bei neuer Verwendung kommen sie erst in die Werkzeugmacherei zur Nachprüfung und etwaigen Nacharbeit, um dann zur rechten Zeit wieder an Hammer oder Presse zu sein.

B. Die Abgratwerkzeuge.

Einbau. Zunächst wird der Stempelhalter bzw. der Stempel fest eingespannt, dann die Schnittplatte in die Fußplatte eingelegt. Sie muß eben, dicht, keinesfalls hohl aufliegen, weshalb immer für gerade Tischflächen zu sorgen ist. Der Stempel wird nun herunter gelassen und muß im Durchbruch schnäbeln. Nun wird die Schnittplatte genau eingestellt, so daß der Stempel leicht und ohne jede Hemmung in den Schnitt eingreifen kann. Schließlich wird die Schnittplatte befestigt, wobei Durchbiegung zu vermeiden ist. Der Stempel greift dann etwa 5 ... 10 mm in die Schnittplatte ein. Stempel und Schnittkanten müssen „auf Schnitt" stehen. Das Werkzeug soll richtig „scheren" und nicht „quetschen", andernfalls die Schneidkanten und sogar die Platten selbst brechen können.

Schmierung. Während des Abgratens müssen die Schneidkanten von Stempel und Schnitt dauernd mit Öl bestrichen werden, erstens um die Reibung zu verhindern, zweitens um beim Warmabgraten zu kühlen.

Instandhaltung. a) Nachschleifen. Stumpfe Werkzeuge brechen aus oder zerbrechen und erzeugen schlechte Ware durch rissige Gratkanten. Deshalb müssen die Schnittkanten nachgeschliffen werden. Das hat aber sehr vorsichtig zu geschehen, denn die feinen Kanten verbrennen durch scharfen Schliff sehr leicht und erhalten dann eine gelblichbraune Farbe mit bläulichen Flecken. Ebenso muß sauber und glatt nachgeschliffen werden. Schleifrisse sind gefährlich und bewirken, wie das Verbrennen: Ausbrechen und Zerbrechen der Schnittwerkzeuge. Hochwertige gehärtete Schnittstähle sind daher stets mit Wasserkühlung zu schleifen, gegebenenfalls mit etwas Sodazusatz, jedoch nicht mit Seife. Die Fläche ist mit feinen, höchstens mittelgroben Schleifscheiben mit weicher, keramischer Bindung (Körnung 30 ... 60, Bindung $H ... L$) zu schleifen. Vegetabilische Bindung erhitzt sich zu leicht. Die Schleifflächen dürfen nur handwarm werden.

b) Nachstemmen. Wenn die Schneidkanten ausgebrochen sind oder sich soweit abgenutzt haben, daß die Schnittform nicht mehr gehalten wird, glüht man den Schnitt aus und stemmt die Kanten nach und bringt somit den Schnitt wieder auf das richtige Maß. Beim Stempel staucht man die Schneidkanten an. Auf diese Weise kann man für das Abgratwerkzeug die Lebensdauer verlängern.

IX. Anlage der Werkzeugmacherei.

Die Werkzeugmacherei sollte grundsätzlich räumlich von der lärmenden Schmiede getrennt werden, denn der Werkzeugmacher braucht einigermaßen Ruhe zu seiner Arbeit. So grob Schmiedearbeit ist, so fein ist das Werkzeugmachen. Wenn auch hier nicht mit Tausendstel Millimeter genau gearbeitet wird, so bedeuten doch die Zehntel und Hundertstel Millimeter angesichts der Arbeitsverfahren eine verhältnismäßig große Genauigkeit. Es ist meistens üblich, die Werkzeugmacherei mit der Werkzeugausgabe für die Schmiede und mit der Reparaturschlosserei zu verbinden.

Sehr wichtig ist wegen der schweren Gesenkblöcke ein wirtschaftlicher Werkstofffluß, also ein gut durchdachter Weg des verarbeiteten Werkstoffes mit Hilfe geeigneter Fördermittel.

Abb. 113 zeigt die Anlage einer Werkzeugmacherei nach diesen Gesichtspunkten. Der Raum zerfällt in je eine Gesenkabteilung, Härterei, Schnittabteilung, Instandsetzungsabteilung und Werkzeugausgabe nebst Meisterstube. Der Werkstofffluß geht vom Rohblocklager in die Gesenkabteilung, zur Säge, zu den Hobelmaschinen, von hier aus zur Anreißplatte, dann weiter über Karuselldrehbank bzw. Fräsmaschinen an die Werkbank. Nach Vorprüfung wird gehärtet, endgültig geprüft und an die Schmiede abgeliefert. Über dem ganzen Raum der Gesenkabteilung, Härterei und Werkzeuganfertigung ziehen sich ein oder zwei von Hand oder elektrisch angetriebene fahrbare Träger mit Laufkatze und Elektroflaschenzug hin; denn in der Werkzeugmacherei sollen alle Maschinen einzeln angetrieben werden, so daß oberhalb der Maschinen freie Bahn ist. Damit beherrscht man das ganze Feld.

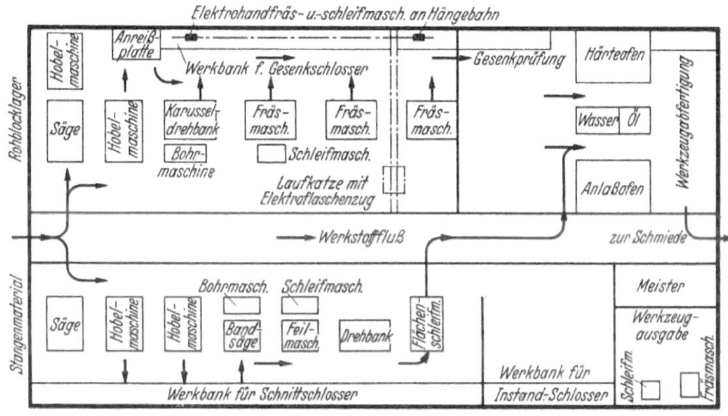

Abb. 113. Anlage einer Werkzeugmacherei.

Die Blöcke können vom Boden auf den Maschinentisch, auf Werkbank, an den Härteöfen hin und her, auf und nieder bequem befördert werden. Man packt sie gewöhnlich mit Greiferzangen nach Abb. 114. Die Werkzeuge werden mit

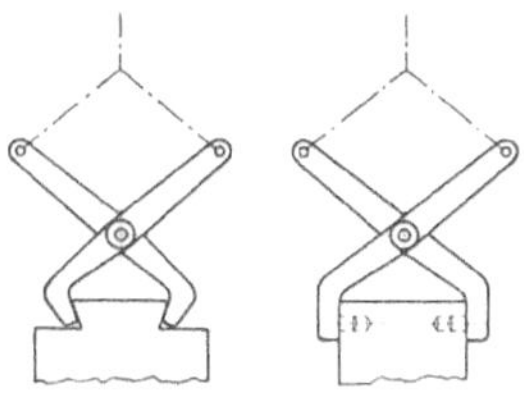

Abb. 114. Greifzange.

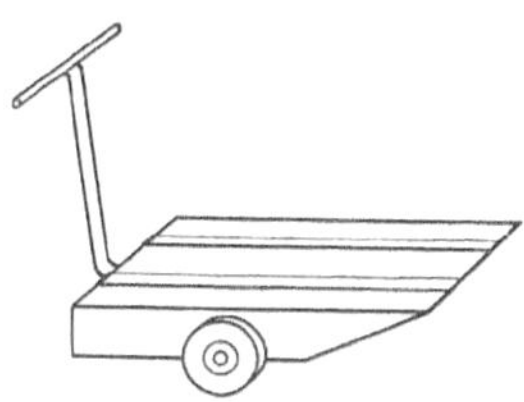

Abb. 115. Handkarre.

Abb. 116. Elektrohubkarren (Bauart Bleichert, Leipzig).

einfachen Karren (Abb. 115) an- und abgefahren oder auch mit Hand- oder Elektrohubkarren, um sie auf Tisch- oder Maschinenhöhe zu bringen. Der Hubkarren (Abb. 116) hat 1 … 1,5 m Hubhöhe und 1000 … 1500 kg Tragkraft. Die Tragbrücke ist zum genauen Einstellen zweckmäßig je 25 mm seitlich verstellbar und am besten mit Laufrollen auszustatten. Das Förderwesen der Schnittabteilung liegt einfacher, weil die Abgratwerkzeuge nur ein Bruchteil der zugehörigen Gesenke wiegen. Zu ihrer Beförderung eignen sich die oben abgebildeten Handkarren durchaus.

X. Aufbewahrung und Verwaltung der Werkzeuge.
A. Aufbewahrung.

Es ist üblich, die Gesenke laufend zu benummern und die Nummern in ein Gesenkbuch oder eine Gesenkkarte einzutragen. Die zugehörigen Werkzeuge erhalten die gleiche Nummer mit einem Buchstaben, der das Sinnzeichen des Werkzeuges darstellt, z. B. V 100 Vorschmiedegesenk, B 100 Biegewerkzeug, A 100 Abgratwerkzeug, L 100 Lochwerkzeug des Gesenkes Nr. 100. Sie werden in der zweiten Spalte des Gesenkbuches eingetragen. Die Werkzeuge werden entweder in senkrechten Holz- oder Eisenregalen mit Fächern gelagert oder auf sogen. „Treppen". Das Aufbewahren in Regalen bietet für kleine und mittlere Größen keine Schwierigkeit: Man stellt die zusammengehörigen Werkzeuge zusammen in die Fächer, mit Ausnahme der genormten Werkzeuge, z. B. Loch-

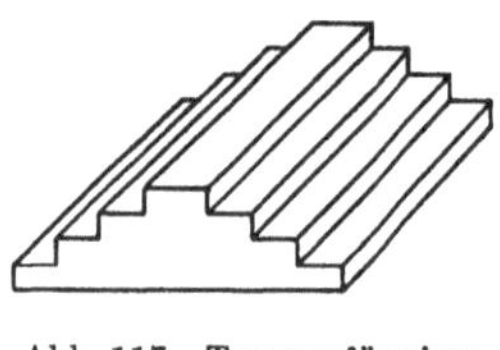

Abb. 117. Treppenförmiges Gesenklager.

werkzeuge. Wenn nötig, kann man eine Laufkatze mit Elektroflaschenzug anbringen, um die Werkzeuge bequem ein- und ausheben zu können. Die leichtesten kommen nach oben. Große bzw. schwere Werkzeuge lassen sich nicht in derartigen Fächern unterbringen, höchstens in den unteren Reihen. Man legt sie zu ebener Erde oder man mauert Treppenstufen gemäß Abb. 117, die eine bessere Übersicht geben. Über den Stufen läßt sich bequem eine rollbare Laufkatze mit Elektroflaschenzug anbringen. Die Regalfächer und die Treppenstufen werden benummert. Der Standort der Werkzeuge wird dann ins Gesenkbuch Spalte 3 eingetragen (Reihe- und Fach-Nr.). Besteht eine besondere Lagerverwaltung, ist es zweckmäßig, auch den Ein- und Ausgangszeitpunkt des Werkzeuges einzutragen.

B. Verwaltung.

Abgesehen von dem Gesenkbuch bzw. von den Gesenkkarten im Lager ist es erforderlich, eine weitere Werkzeugkarte zu führen, in der man alle notwendigen Daten für das Werkzeug ausführt, als da sind: Gesenk-Nr., Auftragsnummer, Gegenstand, Kunden-Nr., Nummer des Rohblockes, Stahlart des Blockes, Gewicht des Blockes, Preis des Blockes, geschmiedete Stückzahl, Vor- und Nachkalkulation des Werkzeuges, Verschleißrate, Rückvergütungsrate, gegebenenfalls auch Instandsetzungskosten. Die Karte ist für jedes Werkzeug, also Gesenk, Schnitt, Stempel getrennt zu führen mit entsprechender Bezeichnung, wie schon angegeben. Falls ein Gesenkblock, ein Schnitt usw. zerbrochen ist, muß eine neue Karte ausgestellt werden, damit man genau verfolgen kann, ob eine gewählte Stahlart sich auch bewährt.

Von Zeit zu Zeit sind die Karten nachzusehen und nicht mehr gebrauchte Werkzeuge sind auszusondern und anderweitig zu verwenden. Sie werden dann aus dem Gesenklager entfernt und kommen ins Rohblocklager zurück oder ins Altgesenkblocklager, so daß im Werkzeuglager tatsächlich nur Werkzeuge vorhanden sind, die laufend gebraucht werden. Im allgemeinen ist es üblich, die Altgesenke weiter zu verwenden, wenn sie in einem Zeitraum von 2...3 Jahren keine Verwendung für den vorgesehenen Zweck mehr gefunden haben. Je nach Lage wird man gut tun, sich mit dem Kunden hierüber zu verständigen.

Wenngleich die Werkzeuge als kurzlebige Wirtschaftsgüter sofort abgeschrieben werden, so muß es doch das Bestreben jeder Gesenkschmiede sein, in einem großen Werkzeuglager keinen toten Ballast mit sich zu führen, der nur Kosten verursacht.

Vergleichstafel über Brinellhärte, Zerreißfestigkeit, Rockwell B u. C und Shorehärte.

Brinell-Werte Kugel 5 mm Bel. 750 kg Eindruck-⌀ mm	Brinell-Werte Kugel 10 mm Bel. 3000 kg Eindruck-⌀ mm	Härte-zahl	Zerreiß-festig-keit kg/mm²	Rockwellhärte C Skala	Rockwellhärte B Skala	Shore-härte-zahl
1,12	2,25	752	255	—	—	98
—	—	732	250	—	—	97
1,15	2,30	712	245	—	—	96
—	—	700	242	—	—	94
1,18	2,35	676	235	65	—	93
—	—	665	229	64	—	91
1,20	2,40	653	224	63	—	89
—	—	643	222	63	—	89
1,22	2,45	632	218	62	—	88
—	—	621	214	61	—	87
1,25	2,50	601	206	59	—	85
—	—	592	203	59	—	84
1,28	2,55	582	200	58	—	83
—	—	564	194	57	—	81
1,30	2,60	555	191	56	—	79
—	—	547	188	55	—	77
1,33	2,65	530	182	54	—	77
—	—	522	179	53	—	76
1,35	2,70	514	177	53	—	75
—	—	507	175	52	—	74
1,38	2,75	495	171	51	—	73
—	—	485	167	50	—	71
1,40	2,80	477	164	50	—	70
—	—	471	161	49	—	69
1,42	2,85	460	159	48	—	68
—	—	451	156	48	—	67
1,45	2,90	444	153	47	—	67
—	—	438	151	46	—	66
1,48	2,95	429	148	45	—	64
1,50	3,00	415	144	44	—	62
1,52	3,05	401	138	43	—	60
1,55	3,10	388	133	41	—	58
1,58	3,15	374	127	41	—	58
1,60	3,20	363	125	39	—	56
1,62	3,25	352	122	38	—	55
1,65	3,30	341	117	37	—	54
1,68	3,35	331	112	36	—	52
1,70	3,40	321	110	35	—	51
1,72	3,45	311	107	34	—	50
1,75	3,50	302	104	33	—	49
1,77	3,55	293	100	32	—	47
1,80	3,60	285	98	31	—	46
1,83	3,65	276	94	30	—	44
1,85	3,70	269	92	29	—	43
1,87	3,75	262	90	28	—	42
1,90	3,80	255	88	27	—	41
1,92	3,85	248	85	25	—	40
1,95	3,90	241	83	24	100	39
1,97	3,95	235	81	23	99	39
2,00	4,00	229	79	22	98	38
2,02	4,05	223	77	21	97	37
2,05	4,10	217	75	20	96	36
—	4,15	212	73	—	95	35
2,10	4,20	207	71	—	94	—
—	4,25	201	69	—	93	34
2,15	4,30	197	67	—	92	33
—	4,35	192	66	—	91	—
2,20	4,40	187	65	—	90	32
—	4,45	183	64	—	89	—
2,25	4,50	179	63	—	88	31
—	4,55	174	62	—	87	—
2,30	4,60	170	61	—	86	30
—	4,65	166	60	—	85	—
2,35	4,70	163	59	—	84	29
—	4,75	159	58	—	83	—
2,40	4,80	156	56	—	82	28
—	4,85	153	55	—	81	—
2,45	4,90	149	54	—	80	27
—	4,95	146	53	—	79	—
2,50	5,00	143	52	—	78	26
—	5,05	140	51	—	77	—
2,55	5,10	137	50	—	76	25
—	5,15	134	49	—	75	—
2,60	5,20	131	48	—	74	24
—	5,25	128	47	—	73	—
2,65	5,30	126	46	—	72	23
—	5,35	124	45	—	70	22
2,70	5,40	121	44	—	68	—
—	5,45	118	43	—	66	21
2,75	5,50	116	42	—	65	—
—	5,55	114	41	—	64	20
2,80	5,60	111	40	—	62	—
—	5,65	109	39	—	61	19
2,85	5,70	107	38	—	58	—
2,90	5,75	105				
2,92	5,75	106	38	—	58	—
2,95	5,80	103				
2,95	5,85	101	36	—	55	18
—	5,90	99				
2,97	5,95	98	35	—	53	—
3,00	6,00	96				
3,02	6,05	94	34	—	51	17
3,05	6,10	92				
3,07	6,15	91	33	—	50	16
3,10	6,20	88				
3,12	6,25	87	32	—	48	15
3,15	6,30	85	31	—	46	
3,17	6,35	84	30	—	44	—
3,20	6,40	82				

Gewichtstafel für vierkantigen Gesenkblockstahl.

Abmessung mm	Gewicht kg/m	Abmessung mm	Gewicht kg/m	Abmessung mm	Gewicht kg/m
10	0,78	155	186,91	300	700,2
15	1,75	160	199,17	320	796,7
20	3,11	165	211,81	340	899,4
25	4,86	170	224,84	350	953,0
30	7,00	175	238,26	360	1008,3
35	9,53	180	252,07	380	1123,4
40	12,45	185	266,27	400	1244,8
45	15,75	190	280,86	420	1372,4
50	19,45	195	295,84	440	1506,2
55	23,53	200	311,20	450	1575,4
60	28,01	205	326,95	460	1646,2
65	32,87	210	343,10	480	1792,5
70	38,12	215	359,63	500	1945,0
75	43,76	220	376,55	520	2103,7
80	49,79	225	393,86	540	2268,6
85	56,21	230	411,56	550	2353,4
90	63,02	235	429,65	560	2438,9
95	70,21	240	448,13	580	2617,2
100	77,80	245	467,00	600	2800,8
105	85,77	250	486,25	620	2990,6
110	94,14	255	505,89	640	3186,7
115	102,89	260	525,93	650	3287,1
120	112,03	265	546,35	660	3389,0
125	121,56	270	567,16	680	3597,5
130	131,48	275	588,36	700	3812,2
135	141,79	280	609,95	720	4033,2
140	152,49	285	631,93	740	4260,3
145	163,57	290	654,30	750	4376,2
150	175,05	295	677,05	760	4493,2

Gewicht von Schnittplattenstahl in kg/m.

Dicke mm \ Breite mm	100	110	120	130	140	150	160	170	180	190
20	15,70	17,27	18,84	20,41	21,98	23,55	25,12	26,69	28,26	29,83
30	23,55	25,91	28,26	30,62	32,97	35,33	37,88	40,04	42,39	44,75
40	31,40	34,54	37,68	40,82	43,96	47,10	50,24	53,38	56,52	59,56
50	39,26	43,08	47,10	51,02	54,96	58,88	62,80	66,72	70,66	74,58
60	47,10	51,82	56,52	61,24	65,94	70,66	75,76	80,08	84,78	89,50
70	54,96	60,44	65,94	71,74	79,94	82,42	87,92	93,42	98.92	104,40
80	62,80	69,08	75,36	81,64	87,92	94,20	100,48	106,76	113,04	119,22
90	70,66	77,72	84,78	91,84	99,92	105,98	113,04	120,10	127,18	134,24
100	78,56	86,16	94,20	102,04	109,92	117,76	125,60	133,44	141,32	149,16
110	86,36	94,90	103,62	112,26	120,84	129,54	138,56	146,80	155,44	164,08
120	94,20	103,64	113,04	122,48	131,88	141,32	151,52	160,16	169,56	179,00

Buchdruckerei Otto Regel G. m. b. H., Leipzig.

Praktische Metallkunde. Schmelzen und Gießen, spanlose Formung, Wärmebehandlung. Von Prof. Dr.-Ing. G. Sachs, Frankfurt a. M.
Erster Teil: Schmelzen und Gießen. Mit 323 Textabbildungen und 5 Tafeln. VIII, 272 Seiten. 1933. Gebunden RM 22.50
Zweiter Teil: Spanlose Formung. Mit 275 Textabbildungen. VIII, 238 Seiten. 1934. Gebunden RM 18.50
Dritter Teil: Wärmebehandlung. Mit einem Anhang: „Magnetische Eigenschaften" von Reg.-Rat Dr. A. Kußmann. Mit 217 Textabbildungen. V, 203 Seiten. 1935. Gebunden RM 17.—

Spanlose Formung. Schmieden, Stanzen, Pressen, Prägen, Ziehen. Bearbeitet von zahlreichen Fachgelehrten. Herausgegeben von Dr.-Ing. V. Litz, Betriebsdirektor bei A. Borsig G. m. b. H., Berlin-Tegel. (Schriften der Arbeitsgemeinschaft Deutscher Betriebsingenieure, Bd. IV.) Mit 163 Textabbildungen und 4 Zahlentafeln. VI, 152 Seiten. 1926. Gebunden RM 11.34

Spanlose Formung der Metalle. Von G. Sachs unter Mitwirkung von W. Eisbein, W. Kuntze und W. Linicus. (Mitteilungen der deutschen Materialprüfungsanstalten, Sonderheft XVI.) Mit 235 Abbildungen. 127 Seiten. 1931. RM 23.40; gebunden RM 25.20

Mechanische Technologie für Maschinentechniker. (Spanlose Formung.) Von Dr.-Ing. Willy Pockrandt, Gleiwitz. Mit 263 Textabbildungen. VII, 292 Seiten. 1929. RM 11.70; gebunden RM 13.05

Grundzüge der Zerspanungslehre. Eine Einführung in die Theorie der spanabhebenden Formung und ihre Anwendung in der Praxis. Von Dr.-Ing. Max Kronenberg, Beratender Ingenieur, Berlin. Mit 170 Abbildungen im Text und einer Übersichtstafel. XIV, 264 Seiten. 1927. Gebunden RM 20.25

Die Konstruktionsstähle und ihre Wärmebehandlung. Von Dr.-Ing. Rudolf Schäfer. Mit 205 Textabbildungen und 1 Tafel. VIII, 370 Seiten. 1923. Gebunden RM 13.50

Die Werkzeugstähle und ihre Wärmebehandlung. Berechtigte deutsche Bearbeitung der Schrift: „The Heat Treatment of Tool Steel" von H. Brearley, Sheffield. Von Dr.-Ing. Rudolf Schäfer. Dritte, verbesserte Auflage. Mit 226 Textabbildungen. X, 324 Seiten. 1922. Gebunden RM 10.80

Die Einsatzhärtung von Eisen und Stahl. Berechtigte deutsche Bearbeitung der Schrift: „The Case Hardening of Steel" von H. Brearley, Sheffield. Von Dr.-Ing. Rudolf Schäfer. Mit 124 Textabbildungen. VIII, 250 Seiten. 1926. Gebunden RM 17.55

Der Modellbau, die Modell- und Schablonenformerei. Von Richard Löwer. Mit 669 Abbildungen im Text. V, 229 Seiten. 1931. Gebunden RM 15.75